Neue Ideen für die Küche

Möbel und viele nützliche

Liebe Leser,

ob in Haus oder Garten Reparaturen anstehen, Bad oder Küche modernisiert werden sollen, eine Verbesserung der Wärmedämmung des Hauses dringend nötig ist – für diese und ähnliche Maßnahmen brauchen Sie jetzt keinen teuren Handwerker mehr zu bestellen! Mit etwas Geschick und den praxiserprobten Anleitungen und Tipps dieser Ratgeberreihe schaffen Sie es auch selbst.

Heimwerken spart bares Geld und macht stolz auf das selbst Geleistete. Vertrauen Sie auf das Fachwissen der Redaktion „selbst ist der Mann". Die besten Beiträge aus Deutschlands großer Heimwerker-Zeitschrift werden hier thematisch zu Ratgebern zusammengefasst, denen Sie vertrauen können.

Schritt für Schritt wird in detaillierten Bildfolgen genau erklärt, wie Sie zum Ziel gelangen. Material- und Werkzeugkunde, Tipps zur Planung und übersichtliche Zeichnungen ergänzen die Anleitungen. So werden Sie garantiert zum erfolgreichen Heimwerker.

Herzlichst
Ihr

Siegfried Lapawa
Vorstand SILAG Media AG

Kleine Küchenhelfer

Praktische Küchenmöbel

Stabiler Hackblock aus Buchenholz

Wo gekocht wird, sind praktische Küchenhelfer gefragt, wie zum Beispiel dieser stabile Hackblock

Mit Buche-Leimholz und einem Edelstahl-Rahmen ist dieses nützliche Utensil schnell gebaut

Auch in einer technisch perfekt ausgestatteten Küche erleichtern kleine Helfer die kreative Arbeit – und das jeden Tag. In diesem Band stellen wir Ihnen eine Vielzahl von nützlichen Küchenhelfern vor, die zum einen leicht nachzubauen sind und zum anderen Ihren Geldbeutel nicht allzusehr belasten. Außerdem bringen sie – auch ohne viel Platz zu opfern – eine Menge funktionellen Stauraum mit sich. Die Palette reicht von kleinen Regalen über eine Design-verdächtige Küchenuhr und Obstschale bis hin zu einfachen (auch mobilen) Küchenmöbeln. Die überwiegend verwendeten Materialien sind Massiv- und Leimhölzer sowie Multiplexholz. Unterteilt ist dieser Band in ‚Kleine Küchenhelfer' und ‚Praktische Küchenmöbel'.

Der Preis ist ein Argument

Ein entscheidendes Argument für den Selbstbau ist der Preis. Mit dem Bau des hier gezeigten Hackblocks (30 x 40 cm groß) können Sie sich etwa zwei Drittel des handelsüblichen Preises ersparen. Und trotzdem sieht er aus wie ein Utensil aus der Profi-Küche. Das Material für den Hackblock: 27-mm-Buche-Leimholz. Für den gesamten Hackblock reicht eine Leimholzplatte in den Maßen 100 x 40 cm aus. Schneiden Sie das Holz in elf 8 cm breite Streifen. Verleimen Sie diese mit wasserfestem Holzleim. Damit die Holzteile dabei nicht verrutschen, verpressen Sie sie mit Schraubzwingen und jeweils zwei Holzleisten auf jeder Seite. Unter die Leisten kleben Sie etwas Kreppband. Dieses verhindert, dass der hervorquellende Leim die Leisten mit dem Holzblock verbindet. Für die Schiene, die um den Block läuft, verwenden Sie einen rostfreien Edelstahl-Blechstreifen mit einer Breite von 5 cm. Um diesen am Holzblock zu befestigen, bohren Sie zunächst mit einem 4er-Metallbohrer durch das Blech.

1 *Buchenleimholz mit der Handkreissäge in gleichgroße Streifen schneiden*

2 *Auf die Flächen Holzleim auftragen und alle Holzteile zusammenpressen*

3 *Den angezogenen, aber noch nicht getrockneten Leim mit einem Beitel entfernen*

4 *Metallstreifen verschrauben, um die Kante biegen und mit dem Hammer in ...*

5 *... die Kerbe einschlagen. Das Streifenende längen Sie mit der Metallsäge ab*

6 *Brechen Sie danach die Kanten des Blocks. Verwenden Sie hier 120er-Schleifpapier*

7 *Zum Schluss die Schutzfolie vom Blech entfernen und polieren (trockenes Tuch)*

8 *Das 50 mm breite Blech wird mit 3,5-mm-Rundkopfschrauben montiert*

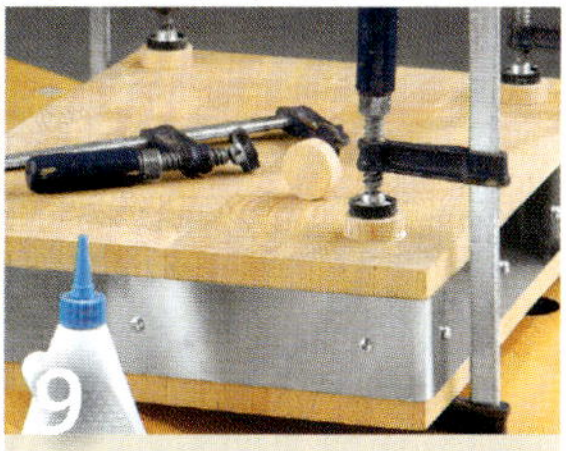

9 *Als Füße Querholzdübel verwenden. An der Unterseite anleimen und fixieren*

Teeregal aus Leimholzresten

Dieses Teeregal ist ein Beispiel dafür, wie sich aus Leimholzresten viele kleine, aber nützliche Helfer für den Haushalt aufbauen lassen

Die Teedosen sind nicht nur eine Augenweide, sie sind auch noch jederzeit sofort griffbereit. Für das Holz wählen Sie eine Lasur oder Klarlack

Werfen Sie Holzreste nicht gleich weg, denn daraus lassen sich durchaus noch schöne und praktische Dinge anfertigen. Dieses kleine Teeregal besteht aus 18-mm-Kiefer-Leimholz. Bei den Maßen orientieren Sie sich an der Größe der vorhandenen Dosen.
Wie groß Ihr Regal am Ende ausfallen soll, können Sie natürlich selbst festlegen. Ohne weiteres lässt sich das Tee-Bord auch als Ablage für Gewürzgläser oder Kräutertöpfe verwenden.
Überlegen Sie sich zunächst, welche Form das Regal haben soll, und zeichnen Sie diese maßstabsgerecht auf das Holzbrett. Mit der Stichsäge und einem feinen Holzsägeblatt schneiden Sie alle Teile aus. Die beiden Seitenteile wurden in diesem Beispiel oben abgeschrägt. Heben Sie die beiden Holzreste auf. Diese werden nämlich noch als Zulage für die Schraubzwingen benötigt (siehe Bild 6). Zum Verbinden der Teile eignen sich Senkkopfschrauben 3,5 x 40 mm. Egal ob kleinere oder größere Objekte – beim Möbelbau ist eine saubere Oberflächenbehandlung entscheidend. Schleifen Sie zunächst das Tee-Bord mit 120er Papier und entstauben es. Anschließend empfiehlt sich eine Behandlung mit Klarlack oder einer Lasur, um das Holz vor Fettspritzern und Staub zu schützen.

Aufbau und Montage

Die Regalform festlegen und auf dem Holzbrett markieren. Schneiden Sie die Teile mit der Stichsäge zu

In die Rückwand an der unteren Kante, den Seiten und in der Mitte (zwei Löcher zur Aufhängung) …

… sowie in den Boden mit einem 4-mm-Bohrer Löcher einbringen und mit einem Senker nacharbeiten

Im Anschluss alle Holzteile gründlich mit 120er-Schleifpapier bearbeiten. Ablagebrett und …

… Rückwand fixieren Sie dann mit Zwingen und verschrauben die Holzteile. Ebenso mit den …

… Seitenteilen verfahren. Die schräg abgelängten Holzreste als Zulagen für die Zwingen benutzen

Schneidbrett mit Pfiff

Nach dem Schneiden von Kräutern müssten Sie den Ertrag mühsam aufsammeln. Hier nicht: Sie schieben ihn einfach in die Schüssel

Je einfacher, desto besser! Dieses Motto passt genau zu diesem kleinen Restholzthema – sowohl, was den Bau der nützlichen Küchenhilfe angeht, als auch bezüglich der Form. Das Schneidbrett ist simpel und funktional. Dass es obendrein preiswert ist und mit minimalem Werkzeugaufwand in kürzester Zeit nachgebaut werden kann, macht das Objekt noch attraktiver.
Vielleicht liegt auch in Ihrem Keller noch ein Reststück Buche-Leimholz, das auf eine neue Bestimmung wartet. Es wäre auf jeden Fall viel zu schade, um als Brennholz zu enden. Wenn Sie kein Reststück haben, fragen Sie im Baumarkt nach. Dort fallen Abschnitte z. B. von 28-mm-Küchenarbeitsplatten aus Leimholz ständig an und sind entweder kostenlos oder sehr preiswert zu erwerben.

Grundmaße festlegen

Während Sie die Länge des Bretts frei nach der gewünschten Schneidefläche oder dem vorhandenen Reststück festlegen können, müssen Sie die Breite auf die

Aussparung für die Schüssel

Schneiden Sie das Brett in Ihrem Wunschformat zu, und zeichnen Sie die Konturen Ihrer Schüssel ...

... exakt auf. Innen, nahe der Kontur mit großem Holzbohrer durchbohren und entlang dem Strich ...

... mit der Stichsäge und einem feinen Holzsägeblatt sauber ausschneiden. Anschließend nachschleifen

Mit einer Feile vorne und hinten Mulden im 45°-Winkel fertigen, damit Sie die Schüssel entnehmen können

Brett und Schüssel umdrehen und kleine Halteleisten mit wasserfestem Leim unter dem Rand befestigen

Von unten zwei schmale Buche-Leisten entlang den Längskanten leimen. Alle Oberflächen fein schleifen

verwendete Schüssel abstimmen. Hier gilt: Das Brett muss mindestens die Breite des Schüsseldurchmessers plus der doppelten Materialdicke des Holzes haben. In diesem Fall (die Schüssel hat einen Durchmesser von 180 mm und ist 60 mm hoch) ist das Brett 240 mm breit und 440 mm lang.
Vermitteln Sie die Position der Schüssel auf dem Brett, hier also 30 mm vom vorderen, hinteren und linken Rand entfernt, und zeichnen Sie die Konturen auf. Anschließend mit der Stichsäge sauber ausschneiden und dabei den halben Strich stehen lassen. Mit einer in die Ständerbohrmaschine eingespannten Schleifwalze arbeiten Sie den Stichsägeschnitt möglichst exakt nach. Prüfen Sie durch Einsetzen der Schüssel die Passung. Zum einfachen Entnehmen der Schüssel sollten Sie vorn und hinten mit der Halbrundfeile zwei Mulden fertigen. Drehen Sie anschließend Brett und Schüssel um und leimen flache Holzleisten-Abschnitte wasserfest von unten auf die Kante des Ausschnitts. Sie sollen die Schüssel so abstützen, dass sie bündig mit der Brettoberfläche abschließt. Jetzt müssen Sie nur noch zwei 35-mm-Holzstreifen längs unter das Schneidbrett leimen, damit die Schüssel frei hängt.

Hängender Kräutergarten

Aus Restholz lassen sich so dekorative und praktische Dinge zaubern wie diese Kräuterregale

HÄNGE-REGAL *Einerseits lassen sich Kräuter dekorativ unterbringen – zum Ernten wird das Leimholz-Regal am Seilzug heruntergelassen (Foto 8). Andererseits finden Küchen-Accessoires an den eingelassenen Rundhölzern griffbereit Platz*

Kräuter riechen gut, schmecken fein und sehen hübsch aus – vor allem dann, wenn sie so dekorativ präsentiert werden wie in diesen Beispielen. Damit sie nicht wie Kraut und Rüben in der Küche stehen, sollten diese pfiffigen Kräuter-Regale für Decke, Wand und Arbeitsplatte Ihre Fantasie beflügeln. Alle Teile sind aus Resthölzern entstanden. Die verwendeten Zutaten können Sie den Materiallisten entnehmen. Die dort angegebenen Maße gelten aber nur dann, wenn Sie auch in Ihre Küche passen. Die in den Zeichnungen angegebenen Durchmesser müssen Sie selbstverständlich den Maßen Ihrer Töpfe anpassen. Da alle Konstruktionen recht simpel sind, ist auch keine große Werkzeug-Ausstattung notwendig: Stich- bzw. Feinsäge und Bohrmaschi-

Mit Tiefenanschlag und Dübellehre

Mit Hilfe einer solchen Dübellehre lassen sich die Bohrungen exakt einbringen

Stirnbretter mit Bohrungen versehen. Die Seitenbretter mit Dübelspitzen markieren

Stirn- und Seitenbretter fixieren. Beide Seitenteile für die Reling vorbohren

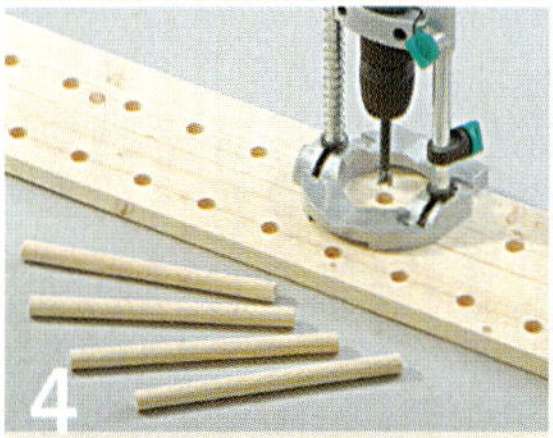

Die Rundhölzer werden beidseitig 10 mm in die Seitenbretter eingelassen

Seitenbrett und Reling. Das Bohrloch in der Reling mit einer Dübelspitze markieren

Auch beim Bohren der Reling zur Dübel-Aufnahme hilft der Tiefenanschlag

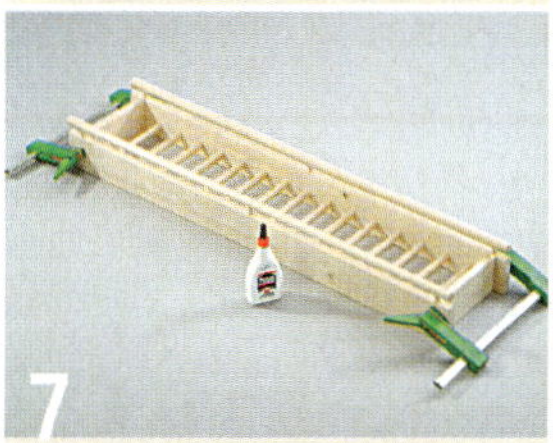

Bis der Holzleim abgebunden hat, wird das Regal mit Zwingen fixiert

Die Aufhängung an der Decke. Die Wäscheleine wird durch Schraubösen geführt

Materialliste

Maße in mm

Fichte-Leimholz 18 dick:
2 Seitenbretter 1000 x 80,
2 Stirnbretter 180 x 80;
Rundholz Ø 20: 2x 1000 lang;
Rundholz Ø 15: 15x 200 lang (beidseitig 10 eingelassen);
6 Holzdübel Ø 10 x 40;
8 Holzdübel Ø 8 x 40;
Wäscheleine;
4 Schraubösen; Holzleim.

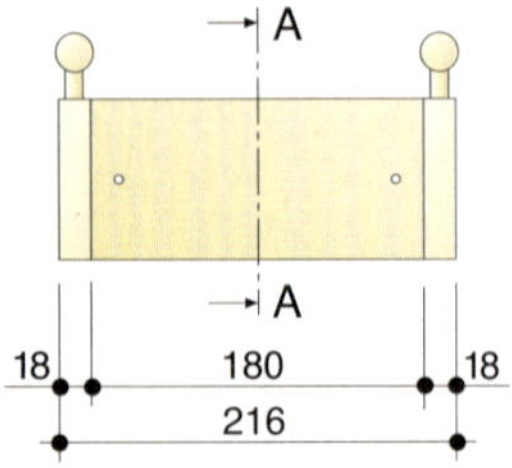

Ansicht Stirnseite

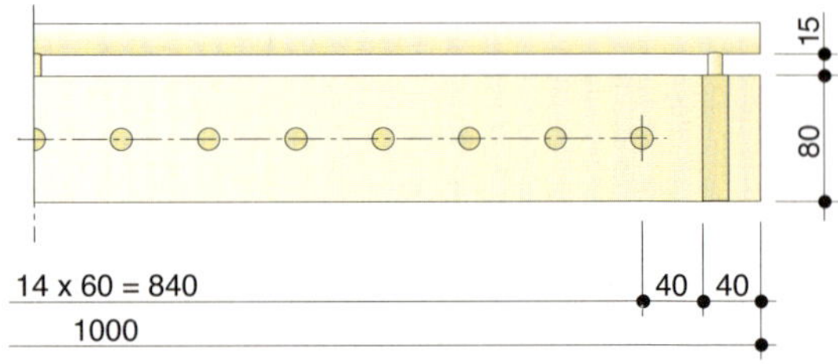

Halbschnitt A√A

ne reichen völlig aus. Besondere Mühe sollten Sie sich bei der Oberflächengestaltung des Leimholz-Regals geben: Es wird fachgerecht gekalkt – eine zwar aufwendige, aber effektvolle Prozedur. Wie gemacht fürs Wohnen im Landhausstil. Am besten, Sie fangen gleich an. Schließlich sind die Regale, natürlich mit Inhalt, auch eine wörtlich geschmackvolle Geschenk-Idee.

***LAMINAT-REGAL** Einfache Fußbodendielen wurden hier zweckentfremdet: mit Leisten eingefasst, präsentieren sie jetzt Kräutertöpfe in einem durchaus stilvollen Rahmen*

***Materialliste** Maße in mm*

1 Laminatplatte (Fußbodendiele – Feder entfernen) 650 x 190; Kiefer 10 x 5: je 2x 660 und 200 lang; Kiefer 5 x 5: je 2x 660 und 200 lang; Metalltöpfe nach Bedarf; Kabelbinder zum Fixieren der Töpfe; Holzleim.

TIPP

Kantenleisten

So schmale Kantenleisten, wie sie hier benötigt werden, gibt es nicht fertig zu kaufen. Sie sind deshalb aus Kiefer-Leisten 10 x 5 und 5 x 5 mm selbst verleimt. Bis der Holzleim abbindet, müssen sie mit Klammern fixiert werden.

Holz mit Metalleffekt

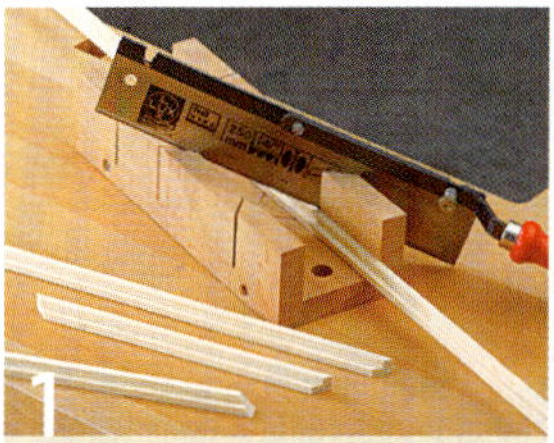

1 Die Laminatplatten werden mit Leisten eingefasst. Eine Gehrungslade hilft, diese ...

2 ... exakt auf Gehrung zu sägen, verleimen und mit Holzleim fixieren (Tipp links u.)

3 Durch den Anstrich mit silbernem Effektlack wirkt der Holzrahmen wie Metall

4 Von den Fußbodendielen müssen Sie zunächst die Feder entfernen

5 Zum Befestigen der Töpfe dienen durch zwei Bohrungen geführte Kabelbinder

6 Den vorgefertigten Rahmen fixiert man mit Holzleim an der Laminatplatte

MDF-REGAL Ob als Mini-Kräuterbeet oder Tischdekoration – die transportable Kräuterbank kommt sicher gut an. Die eingehängten Tontöpfe mit ‚Silberrand' sind nicht behandelt – es gibt sie zu kaufen

Landhaus-Look durch Spachtelmasse

Aufnahmeplatte und Stützwände aus MDF mit Nägeln und Leim verbinden

Dem Topfdurchmesser entsprechend die drei Kreisausschnitte ausschneiden

Den Landhaus-Look erhält das Regal ganz einfach mit Spachtelmasse

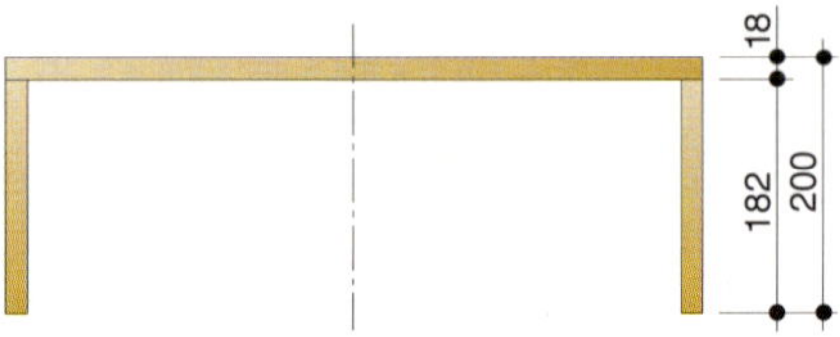

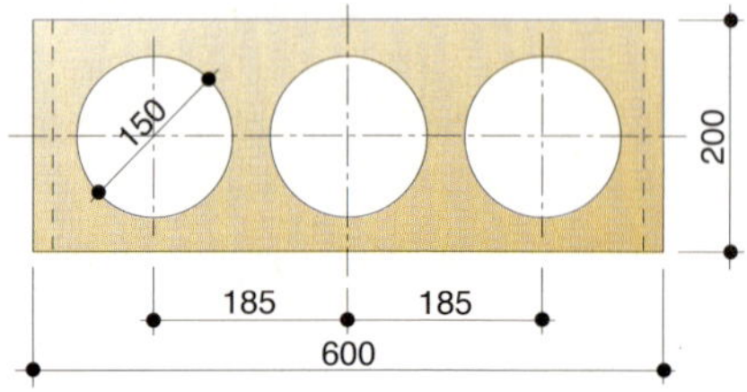

Draufsicht

Materialliste **Maße in mm**

MDF 16 dick: 1 Aufnahmeplatte 600 x 200, 2 Stützwände 200 x 182, Nägel, Holzleim.

KRÄUTERREGAL IM LANDHAUS-STIL An rustikalen Wänden kommt die gekalkte Oberfläche des Leimholzes besonders gut zur Geltung. Für Küchen-Utensilien Möbelknöpfe anschrauben

Beize als Grundierung

Die entsprechenden Ausschnitte und die Seitendreiecke ausschneiden

Aufnahmeplatte, Rückwand und die beiden seitlichen Dreiecke verbinden

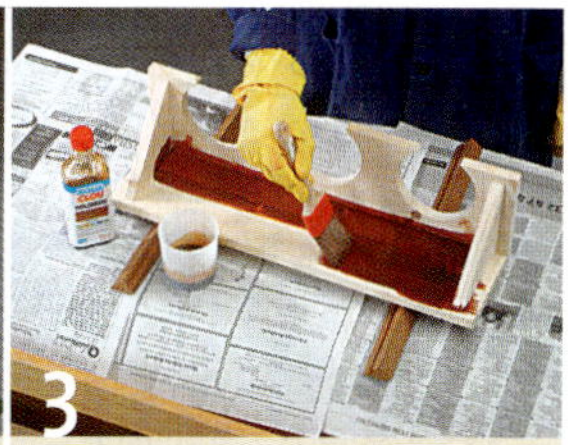

Die gekalkte Oberfläche verleiht dem Regal einen besonderen Reiz. Dazu ...

... zuerst farbig beizen und dann mit verdünntem Lack grundieren (Maserung ...

... beachten). Oberfläche nach dem Trocknen mit Schleifpapier bearbeiten

Die Porenpaste auftragen. Überschüssiges Material sofort sorgfältig entfernen

Die Porenpaste wird mit einem Ballen quer zur Maserung aufgetragen

Trockenzeit: drei bis vier Stunden, dann Feinschliff und Klarlack auftragen

Materialliste

Maße in mm

Fichte-Leimholz 18 dick:
1 Aufnahmeplatte 550 x 150,
1 Rückwand 550 x 130,
2 Rippen 120 x 120;
Holzdübel Ø 6 x 30;
eventuell 2 Möbelknöpfe;
Holzleim.

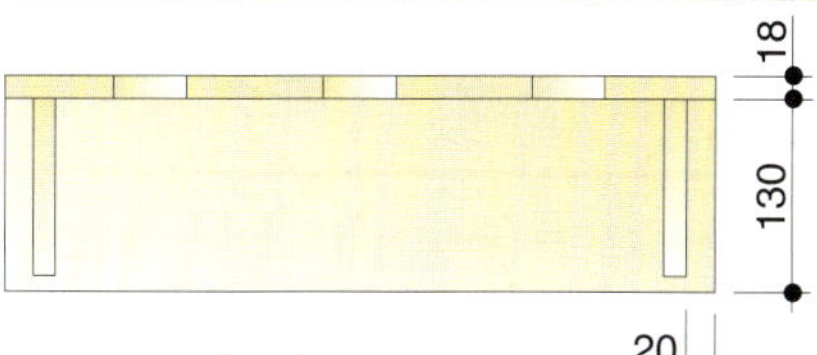

Vorderansicht

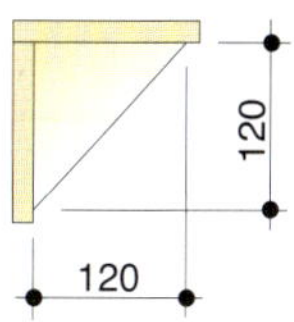

Seitenansicht

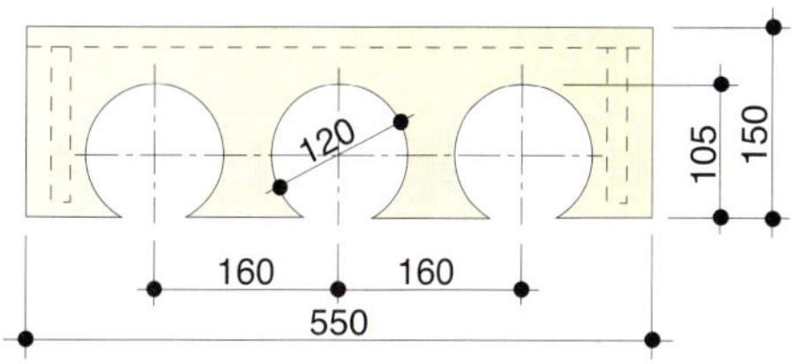

Draufsicht

Messerblock mit Bambusspießen

Das ist schon ziemlich ungewöhnlich: Ein Messerblock mit dicht an dicht stehenden Spießen aus Bambusholz

Der Messerblock ist mit schwarzer Lackfarbe gestrichen und mit silbernen Lackstreifen verziert

Vier Wände, ein Boden und jede Menge Bambusspieße, das ist alles, woraus dieser moderne Messerblock besteht. Das Plattenmaterial, 6,5-mm-Pappelsperrholz, schneiden Sie stumpf zu – Front und Rückseite auf 200 x 200 mm, die beiden Seitenteile auf 200 x 80 mm und den Boden auf 240 x 133 mm. Leimen Sie die vier Seitenteile so zusammen, dass die schmalen Seiten zwischen den quadratischen liegen. Da in Küchen häufig Wasserdampf oder Spritzwasser entsteht, empfiehlt sich die Verwendung von wasserfestem Leim. Bis zum Abbinden fixieren Sie die Teile mit Schraub- oder Klemmzwingen.

Zeichnen Sie nun auf dem Bodenbrett rundum einen 20-mm-Rand ein. Dieser dient zum exakten Ausrichten auf dem verleimten Messerblock-Kasten. Geben Sie vorsichtig Leim auf den Rand des Quaders und legen die Bodenplatte mittig auf. Ein Pflasterstein sorgt für den nötigen Anpressdruck.

Wenn Sie Ihren Messerblock farbig gestalten oder die Oberfläche mit Öl oder Lack schützen möchten, ist jetzt der geeignete Zeitpunkt. Bei der Verwendung von Beizen oder farbigen Lasuren sollten Sie alle Leimreste gründlich entfernen und die Holzoberfläche mit feinem Schleifpapier glätten.

Sicherer Halt mit Bambusspießen

1 *Verleimen Sie die Seitenwände wasserfest stumpf miteinander. Mit Schraubzwingen fixieren*

2 *Das Bodenbrett unter den Messerblock leimen (rundum mit gleichmäßigem 20-mm-Überstand)*

3 *Brechen Sie die Spitzen der Bambusspieße, indem Sie sie bündelweise über Schleifpapier ziehen*

4 *Füllen Sie die Bambusspieße in den Holzrahmen. Probieren Sie aus, wie viele Spieße notwendig sind, ...*

5 *... um den Messern einerseits genügend Platz und andererseits den erforderlichen Halt zu geben*

Ein Gewürzregal gehört in jede Küche

Ohne sie geht nichts: Gewürze sind für Hobbyköche nicht nur „das Salz in der Suppe“. Sie gehören einfach zum täglichen Gebrauch

Übersichtlich aufgereiht und benutzerfreundlich zu entnehmen: zwölf Gewürze für den täglichen Bedarf

Salz allein macht aus der Suppe noch kein kulinarisches Erlebnis. Der gute Geschmack setzt sich aus verschiedenen Würzstoffen zusammen. Gut für den, der zu Hause auf ein gut sortiertes Gewürzbord zurückgreifen kann, und noch besser, wenn es so attraktiv ist wie dieses Exemplar.
Eine 10 mm dicke 270-x-380-mm-Buche-Multiplexplatte bildet die Rückwand des Regals, die von zwei nach oben hin schmaler werdenden Seitenteilen 100/80 x 380 mm aus dem gleichen Material eingefasst wird. Das Besondere an dem Regal sind die drei gekippten Regalböden aus 18-mm-Buche-Leimholz. Mit schräggestellter Stichsäge schneiden Sie drei 270 mm lange und 65 mm breite Streifen zu. Stellen Sie mit einem 50-mm-Forstnerbohrer pro Regalbrett vier gleichmäßig vermittelte, rund 8 mm tiefe Sackloch-Bohrungen her.
Jetzt zeichnen Sie die Lage der Regalböden auf die Seitenteile und ermitteln die nötigen Bohrungen für die 8-mm-Aluminiumrohre: 68 mm von der Rückwand entfernt und auf Höhe der Regalboden-Oberkante. Bohren Sie auch Löcher für die Holzdübel in die Seiten der Rückwand und die Regalböden, übertragen sie mit Dübelhilfen auf die Seiten und verleimen die Einzelteile miteinander.

Mit Stichsäge, Forstnerbohrer und Bügelsäge

Die Stichsäge auf 40° stellen und mit dem Parallelanschlag längs eine Gehrung am Leimholz sägen

Auf der Oberseite der drei 270-mm-Leisten mit dem Forstnerbohrer vier 50-mm-Sacklöcher schneiden

Drei 6-mm-Dübellöcher seitlich in die 270-x-380-mm-Platte bohren, zwei 80-x-380-mm-Seiten …

… schneiden, mit Dübelhilfen Position der Dübel bestimmen, bohren und Sacklöcher für die …

… 8-mm-Aluminiumrohre fertigen. Alurohre mit der Bügelsäge in der Sägelade auf 282 mm kürzen

Alle Teile unter Zugabe von wasserfestem Leim zusammenfügen und mit Leimzwingen fixieren

Küchen-Uhr für Minimalisten

Der Entwurf könnte von einem Top-Designer stammen: Diese Uhr wirkt tatsächlich ganz schön cool

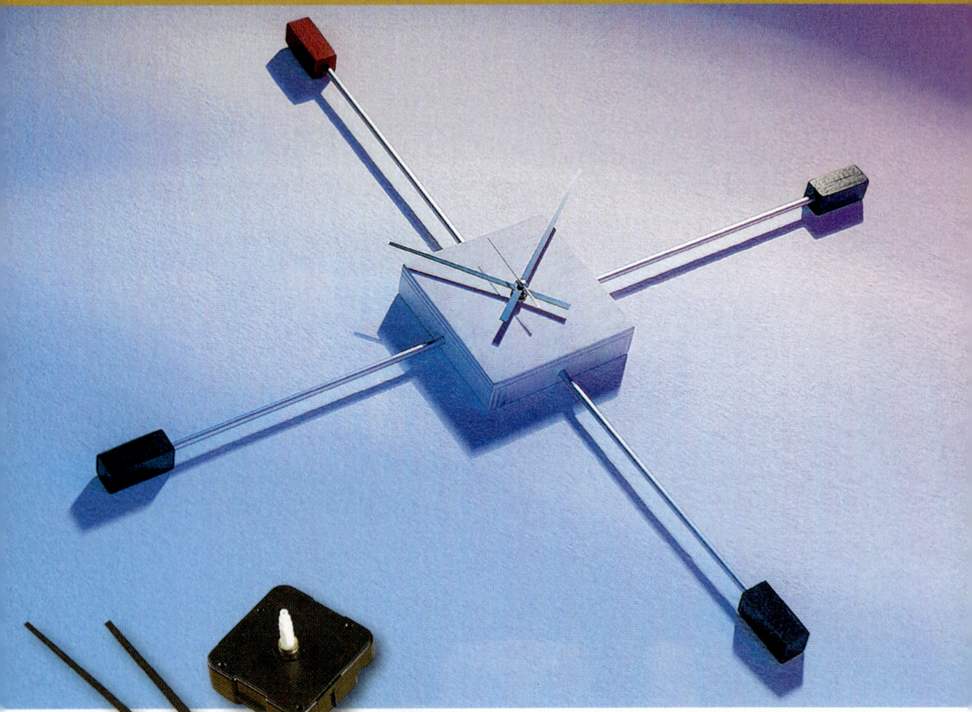

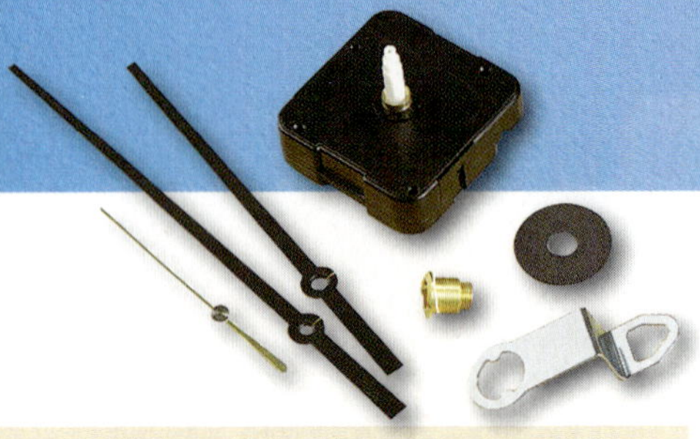

Eine filigrane Küchenuhr, auf die wesentlichen Elemente reduziert: Das Uhrwerk steckt in einer kleinen, quadratischen Box, und das „Zifferblatt" besteht aus vier Alurohren mit farbig lackierten Holzklötzchen

Das monotone Ticken der Uhr mag zu dem Charme alter Küchen passen, in einer modernen Wohnküche kann man darauf jedoch verzichten. Deshalb ist in dieser Wanduhr ein leises Quarz-Uhrwerk mit kriechendem Sekundenzeiger eingebaut. Bei dem Entwurf der Küchen-Wanduhr ist das Notwendigste gerade genug: ein Kasten, der das Uhrwerk aufnimmt und vier Aluminiumrohre, die das Zifferblatt ersetzen. Das Material ist preiswertes 10-mm-Pappelsperrholz. Die Frontplatte des Uhrwerk-Kastens misst 130 x 130 mm, auf die von hinten vier 20 mm breite Sperrholzstreifen stumpf aufgeleimt sind. Mit einer Zentralschraube wird das Uhrwerk später durch eine mittige 10-mm-Bohrung befestigt. Die Viertelung des „Zifferblatts" markieren 6-mm-Aluminiumrohre, die mit Senkkopfschrauben durch die Seiten des Uhrwerk-Kastens befestigt werden. Vier 50 mm lange 20-x-20-mm-Kiefernhölzer – drei schwarz lackiert und die „Zwölf" in markantem Rot – bilden den Abschluss der Aluminiumrohre. Kleben Sie die Rohr-Enden mit 2-Komponenten-Kleber in 6-mm-Sacklöcher, die Sie mittig in das Stirnholz bohren.

Quarz-Uhrwerk und Alu-Rohre

1 *Bohren Sie ein 10er-Loch in die Mitte der 130-x-130-mm-Pappelsperrholzplatte*

2 *Die Seitenteile – je zwei 20 x 130 und 20 x 110 mm, erhalten an der Außenseite ein …*

3 *… 6er-Sackloch, mit zentraler 4er-Durchgangsbohrung, die dann von der Rückseite …*

4 *… angesenkt wird. Diese Teile auf die quadratische Platte leimen (Federzwingen)*

5 *Das Alurohr auf die gewünschte Länge kürzen. Hier sind es 250-mm-Rohre*

6 *Ein Ende der Rohre erhält mit 4-x-25er-Senkkopfschrauben ein Gewinde*

7 *Befestigen Sie anschließend die Aluminiumrohre mit den Schrauben am Kasten*

8 *Auf dem Stirnholz der vier Leisten den Mittelpunkt anzeichnen und bohren*

9 *In die vorbereiteten Holzklötzchen die Enden der montierten Rohre einkleben*

Das etwas andere Weinregal

Es ist nur ein Brett, aber trotzdem sehr wirkungsvoll. Zugrunde liegt hier die Stabilität der Weinflaschenhälse

Jeder edle Tropfen sollte liegend gelagert werden, sonst kann der Korken austrocknen

Der Flaschenhals trägt die ganze Flasche. Aber da so ein Flaschenhals aufgrund seiner geometrischen Form eine ziemlich robuste Sache ist, macht ihm das nichts weiter aus.
Dies wiederum erlaubt eine optisch reizvolle Präsentation. Zudem sind die Flaschen übersichtlich und jederzeit griffbereit gelagert.
Um das tragende Brett an die Wand zu bekommen, sind einige Arbeitsschritte erforderlich. Wichtig – neben den Bohrungen für die Flaschenhälse – sind die Löcher, die die Wandbefestigung überhaupt ermöglichen. Beim Bohren der 10er-Löcher muss der Bohrer so tief eintauchen, dass auf der Gegenseite ein 5 mm tiefes Sackloch entsteht. Darin verschwindet später der Schraubenkopf. Beim Markieren der Bohrungen auf der Wand ergibt sich die Brettschräge mit Hilfe einer Flasche, die auf jeden Fall waagerecht und mit genügend Abstand zur nächsten liegen sollte.

Materialliste ***Maße in mm***

Buche-Leimholz 27 dick:
1 Trägerbrett 500 x 100 (Bohrungen Ø 35, Mittelpunkte von den Brettkanten 50 entfernt);
Spanplatten-Schrauben; Dübel für die Wandbefestigung.

Bohrungen

Mit einem 35er-Forstnerbohrer (Bohrmaschine im Bohrständer) werden die fünf Löcher eingebracht

Das auf die Längskante gestellte Brett erhält an den beiden Enden 10-mm-Bohrungen, die die ...

... Zentren der beiden äußeren Bohrungen treffen sollten. In das umgedrehte Brett werden nun zwei ...

... fluchtende 4-mm-Bohrungen eingebracht. Nach dem Befestigen wird das 10er-Loch verschlossen

Bei der Montage des ‚Weinregals' sollten Sie darauf achten, dass die Flaschen später waagerecht liegen

Praktische Körbe für Küchenutensilien

Kaufkörbe gibt es in vielen Varianten und Größen. Eine optisch ansprechende Garage dafür können Sie selbst bauen

Praktischer Helfer und Blickfang zugleich: das Wandregal für Krimskrams. Gerade in einer Küche ist meist eine ganze Menge Kleinkram unterzubringen. Mit der hier vorgestellten Korbgarage sind sie übersichtlich und jederzeit griffbereit geparkt. Falls Sie schon über ähnliche Körbe verfügen oder mit dem Gedanken spielen, sich welche zuzulegen, können Sie natürlich das Regal an die Größen und die Anzahl anpassen. Berücksichtigen sollten Sie dabei aber, dass die Körbe leicht herauszunehmen und einzuschieben sind. Aus optischen Gründen ist es ratsam, die Tiefe der Regalbretter so zu bemessen, dass die Korbfronten etwa fünf bis zehn Millimeter hinter den Vorderkanten der Bretter zurückstehen. Aufgrund seiner harmonischen Struktur und der Astfreiheit eignet sich Buchenholz hervorragend für den Möbelbau. Hinzu kommt die warme Farbe, die sogar ohne Oberflächenbehandlung gut aussieht. Noch interessanter ist die optische Wirkung von Buche-Leimholz. Durch die unterschiedlichen Maserungen und Farbschattierungen der einzelnen Lamellen entsteht eine sehr lebendige Optik, die wir auch für dieses Küchenregal nutzen wollten. Buche ist ein ziemlich hartes Holz, dass sich aber trotzdem mit gut geschärften Werkzeugen problemlos bearbeiten lässt. Schraubenköpfe – beispielsweise von Spanplatten-Schrauben – werden sich beim Eindrehen kaum in das Material hineinziehen wie bei Kiefer oder Fichte. Deshalb ist das zu befestigende Werkstück immer vorzubohren und die Bohrung ausreichend tief anzusenken. Wenn Sie trotz der ästhetischen Optik eine Oberflächenbehandlung wünschen, sollten Sie die Maserung hervorheben und nicht deckend streichen.

Dübelfixe zum Übertragen der Bohrmittelpunkte

1 *Die Bohrungen in den Stirnseiten erfolgen am eingespannten Werkstück*

2 *Mit Hilfe von Dübelfixen werden die Mittelpunkte der Gegenbohrungen ...*

3 *... übertragen. Während des Leimabbindens halten Zwingen die Konstruktion*

4 *Sacklöcher für die Aufhänger mit der Bohrmaschine (im Bohrständer) ...*

5 *... einbringen. Der fertige Rahmen wird mit der Rückwand verschraubt*

6 *Die gebohrten Löcher in der Rückwand ansenken, damit sie plan anliegen kann*

7 *Die fünf Aufhänger für die Küchen-Utensilien sitzen in 10 mm tiefen Sacklöchern*

8 *Die fertige Korbgarage. Alle Maße lassen sich auch an andere Körbe anpassen*

Materialliste *Maße in mm*

Buche-Leimholz 18 dick: 1 Rückwand 650 x 400, 2 Längsbretter 630 x 110, 4 Seiten-/Zwischenwände 175 x 110; 5 Rundholz-Aufhänger Ø 12 x 50 (10 eingelassen, Kuppe abgerundet); Spanplatten-Schrauben; Dübel für die Wandbefestigung; Holzleim.

Mehr Platz zum Kochen

Haben auch Sie oft das Gefühl, Ihre Küche hat zu wenig Stauraum? Hier finden Sie praktische und optisch schöne Ideen für mehr Platz

Flach untergebaut

Es nervt, jedesmal den Schrank zu öffnen, wenn man nur ein einzelnes Glas herausnehmen will. Oder immer in die Schublade greifen zu müssen, wenn man ein Messer braucht. Doch es geht auch anders: In diesen Hängeregalen sind wichtige Utensilien stets griffbereit, ohne viel Platz zu brauchen. Die Hängeregale sind an an handelsübliche Küchenoberschränke angepasst. Ein Modul ist 1200 x 375 x 150 mm groß. Sollten Ihre Oberschränke andere Dimensionen erfordern, passen Sie die Maße entsprechend an. Als Material wurde durchgängig 15 mm dickes Multiplex verwendet.

Weinglas-Halter

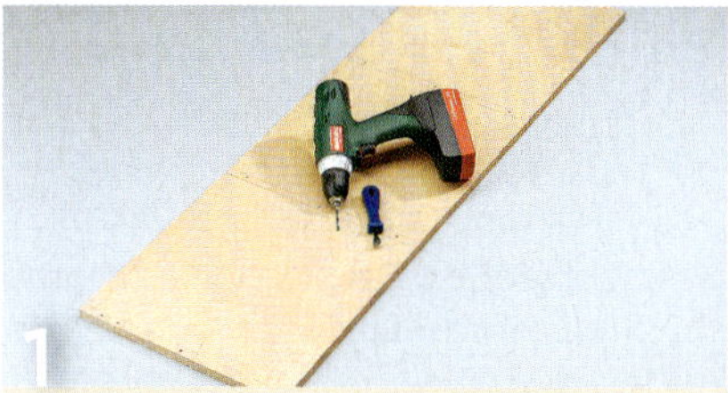

Lage der Querstege auf Grundplatten (1200 x 375 mm) zeichnen. Dort je drei Löcher bohren und ansenken

Führungsschlitze (Abstand 100 mm) für Glashalter (380 x 375 mm) anreißen, einritzen und sauber aussägen

Regalboden genauso bearbeiten. Einsatz (Bild 2) als Schablone nutzen. Distanzstücke (H = 50 mm) an Querstege (H = 120 mm) ...

... leimen, diese zuvor von unten anschrauben. Glashalter-Einsatz auf Distanzstück und seitlich an Querstegen verleimen

Dritte Hand am Herd

Koriander, Muskat, grüner Pfeffer? Welches Gewürz gehört in den Topf? Ein Blick ins Kochbuch bringt Klarheit. Toll, wenn das Nachschlagewerk offen neben dem Herd schwebt. Ein Blick zur Seite, und alle Fragen sind geklärt. Und nach dem Kochen verschwindet die Ablage unsichtbar im Regal!
Auch beim Entwurf des Küchenpapier-Spenders werden einige praktische Feinheiten verwirklicht. Der 3 mm feine Führungsschlitz erleichtert das Abreißen des Papiers – auch wenn nur eine Hand frei ist. Der dahinterliegende Ausschnitt ist so dimensioniert (380 x 160 mm), dass eine neue Rolle leicht von unten eingesetzt werden kann. Und dahinter ist immer noch genügend Raum für eine zweite Rolle in Reserve. Die kleine Anschlagleiste verhindert dabei, dass die Ersatzrolle nach vorne

rollt. Den Führunsschlitz sägen Sie einfach von der Seite in den Regalboden. Wiederholen Sie den Arbeitsschritt um Sägeblattbreite versetzt. Dann ist der Führungsschlitz breit genug, um das Küchenpapier leicht abrollen zu lassen. Auch das Einfädeln fällt so leichter. Wichtig: Mit einem Bogen Sandpapier die Kanten leicht rundschleifen, sonst reißt das Papier später ein.

Die Mechanik der ausziehbaren Kochbuchstütze ist bewusst einfach gehalten. Zwischen den seitlichen Führungsschienen aus dünnen Leisten (10 x 10 mm) läuft der Auszug auf Holzdübeln. Den Abstand der Führungsschienen (10 mm) justieren Sie einfach mit einem Reststück der verwendeten Leisten. Gebremst wird der Auszug ebenfalls durch Holzdübel. Der Abstand der Dübel zur Regalvorderkante ist so bemessen, dass sich der Auszug mitsamt seiner Zierblende bündig im Regalfach versenken lässt. Dafür müssen auch die Führungsschienen (Leisten 10 x 10 x 355 mm) zurückversetzt werden (20 mm von der Regalvorderkante).

Ehe Sie die Hängeregale montieren, sollten Sie das Holz mit Klarlack vor Wasserdampf, Kochdünsten und Fettspritzern schützen. So lässt sich das Regal leichter reinigen.

Küchenpapier-Spender

Markieren Sie die Ausschnitte für den Papier-Spender: Der Führungsschnitt (d = 3 mm) liegt 50 mm, ...

... der Ausschnitt (380 x 160 mm) 70 mm hinter der Regalvorderkante. Holz vor dem Sägen einritzen

Nun können Sie die Querstege (375 x 120 mm) auf die Grundplatte leimen und verschrauben

Für das Achslager des Rollenhalters pressen Sie zwei Holzklötze (45 x 20 mm) aneinander. Mittig ...

... mit dem Forstnerbohrer ein Loch (Ø 15 mm) bohren. Achslager so an Querstege schrauben, dass ...

... die Achse 135 mm hinter der Front sitzt. 10-x-10-mm-Leiste an hintere Ausschnittkante nageln

Ausziehbare Kochbuchstütze

Führungsschiene aus je zwei Leisten (Abstand 10 mm, 10 x 10 x 360 mm) an Querstege nageln. Bohren Sie ...

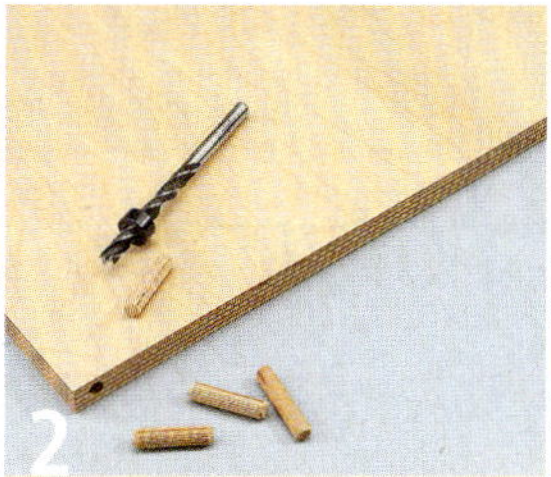

... ein Loch zwischen die Leisten (44 mm zur Vorderkante). 4 Löcher in den Auszug (355 x 355 mm) ...

... bohren (20 mm von Vorder-, 12 mm von Hinterkante). Dübel (Ø 8 mm) einleimen und Auszug ...

... testweise einlegen. Später, wenn das Regal unter dem Schrank montiert ist, Stopperdübel einsetzen

Als Blende (380 x 30 mm) leimen Sie 2 Lagen Brettschichtholz übereinander. Sie ist zugleich Griff ...

... und Auflager für Bücher. Sacklöcher bohren, mit Dübeln verleimen und Deckplatte festschrauben

Das zweite Regal ist fertig: (A) Die ausziehbare Kochbuchstütze, (B) das zweite Staufach und (C) der Küchenpapier-Spender können nun lackiert werden

Serviettenhalter und Eierbecher

Es geht auch ohne Ostern: Eier werden ohnehin das ganze Jahr gegessen und Servietten braucht man sowieso immer

Der ‚Doppelhase' hält die Servietten

Das Ei im Ei: echt und aus Kiefer-Leimholz

Für stets griffbereite Servietten sollte beim (Oster-)Festessen gesorgt sein. Gerade bei besonderen Anlässen sind sowohl Tisch als auch Gäste fein herausgeputzt. Dieser Serviettenhase macht hier einen richtig guten Job: Er ist ansprechend und praktisch durch seine Form. Gleichzeitig besteht er aus günstigem 5-mm-Pappel-Sperrholz und ist in kurzer Zeit nachgebaut.

Mit der Laubsäge schneiden Sie die Hasenform nach Ihrem Entwurf zweimal aus dem Sperrholz aus. Um keine andere Holzdicke verwenden zu müssen, schneiden Sie den Steg (30 x 147 mm) einfach zweimal aus den Resten aus und doppeln diese auf. Wichtig: Achten Sie auf plane Längsseiten, das erspart Hobel- oder Schleifarbeit – hier müssen Sie nachher die Seitenteile anleimen. Reißen Sie nun die Position des Mittelsteges an. Praktisch ist es hier, die 5 mm Plattendicke als Anreißhilfe zu verwenden. Ungenauigkeiten sind so ausgeschlossen und ein guter Stand ist garantiert. Ist die Aufdoppelung ausgehärtet, kann der Steg entlang des Risses angeleimt werden. Hat hier der Leim abgebunden, auch die zweite Seite rissgenau verleimen. Entfernen Sie nun nur noch die Leimreste und brechen Sie die Kanten.

Bunte Vielfalt in Sachen Ei

Ein Ei ist nicht nur an Festtagen überall gegenwärtig. Ob ausgeblasen in den dekorierten Weidenzweigen oder bunt bemalt in den Deko-Gestecken und auf Frühstückstischen. Wir zeigen Ihnen hier einen etwas anderen Eierbecher: das Ei im Spiegelei.

Übertragen Sie zunächst die Spiegelei-Form nach Ihrem Entwurf auf den Werkstoff. Das Plattenmaterial sollte etwa 18 mm dick sein. Da der Eierbecher später noch lackiert wird, bietet sich Kiefer-Leimholz an.

Schneiden Sie mit einer Laubsäge die Form exakt aus. Kleine Werkstücke hierbei am besten an einer Werkbank fixieren, um sauber schneiden zu können. Für den Löffel mit dem 10er-Bohrer ein Sackloch von 15 mm Tiefe einbringen und für das Ei mit dem 35-mm-Forstnerbohrer daneben ein Durchgangsloch bohren. Brechen Sie nun die Kanten. Mit Acryl-Lack sorgen Sie dann für die farbige Note des Spiegeleis.

Für Vielfalt ist hier gesorgt. Aus 18er-Leimholz wird der Eiform-Becher hergestellt. Die Arbeitsschritte sind bekannt: übertragen, ausschneiden, bohren und schleifen. Kombinieren Sie nach Lust und Laune: Buche oder Kiefer, mal mit Löffelhalter, mal ohne. Natur oder lackiert.

„Doppelhase" aus Sperrholz

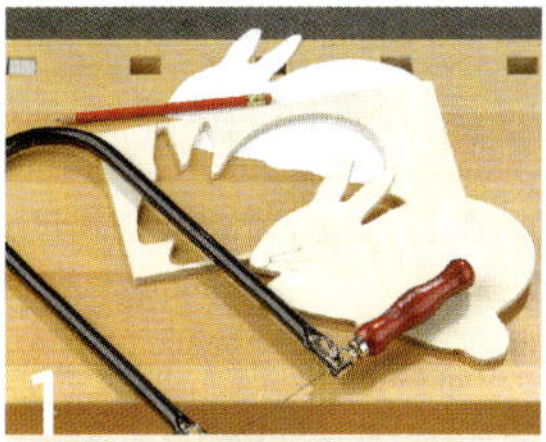

Mit der Laubsäge zweimal die übertragene Osterhasenform aus dem Pappelsperrholz schneiden

Auf beiden Innenseiten die Position des Steges anreißen: Dabei die Sperrholzdicke berücksichtigen

Mit der Unterkante an den Riss leimen und mit Zwingen fixieren. Die andere Seite genauso verleimen

Das Ei für das Ei

Aus den Kiefer-Leimholzstücken (130 x 180 mm) die Spiegelei-Form mit der Laubsäge ausschneiden

Mit dem 10er-Bohrer ein 15-mm-Sackloch herstellen. Das Eiloch mit einem 35er-Forstnerbohrer einbringen

Alternativ oder ergänzend zum Spiegelei: Eiform; wahlweise Buche oder Kiefer mit 35-mm-Bohrung

Tablett aus Kiefer-Holzleisten

Praktisch für drinnen und draußen ist dieses 60 x 31 cm große Tablett aus – optisch reizvoll – unterschiedlich breiten Kiefer-Holzleisten

Longdrinks am Pool, kleine Snacks auf der Terrasse, Frühstück im Bett – das formschöne Tablett macht sich bei vielen Gelegenheiten nützlich. Die Bügelgriffe aus Metall sind selbst bei voller Beladung gut zu fassen und durch Senkkopfschrauben mit Hutmuttern und Scheiben so fest mit dem Holz verbunden, dass sich auch schwere Dinge bedenkenlos transportieren lassen. Hier sind 10 mm dicke Kieferleisten in verschiedenen Breiten als Trägermaterial verwendet. Wer will, kann auch edlere Hölzer wählen, beispielsweise Zeder oder Bangkirai. In diesem Fall braucht die Oberfläche selbst dann nicht behandelt zu werden, wenn das Tablett ständig im Freien zum Einsatz kommt. Bei Kiefernholz ist eine Versiegelung mit lebensmittelverträglichem Klarlack zu empfehlen.

Dient das Tablett beispielsweise als Transporthilfe bei der Obst- und Gemüseernte, empfiehlt es sich, auch die

Rostfrei: Befestigungsmaterial und Griffe

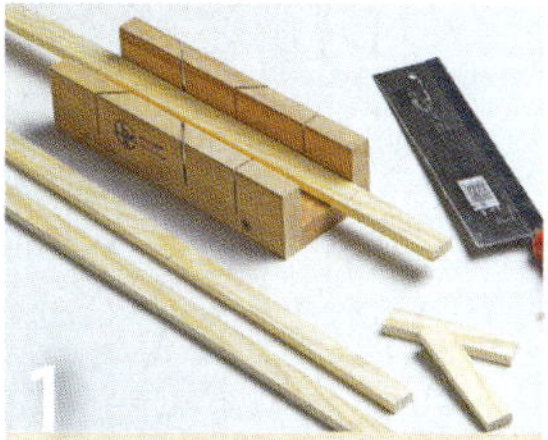

1 *Die Kieferleisten nach den Maßangaben ablängen: entweder mit der Hand- oder mit einer Stichsäge*

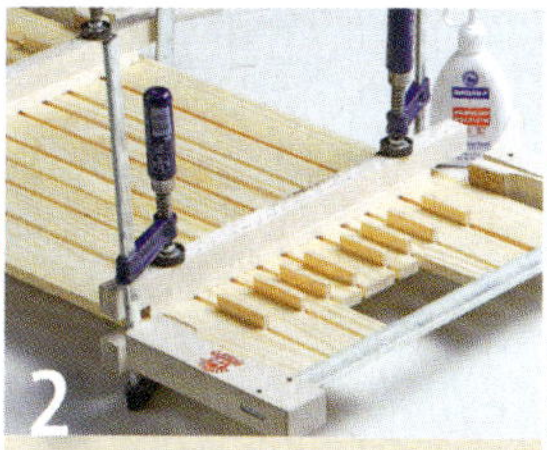

2 *Die Ablagebrettchen sind unterschiedlich breit. Distanzstücke sorgen für gleichmäßige Abstände*

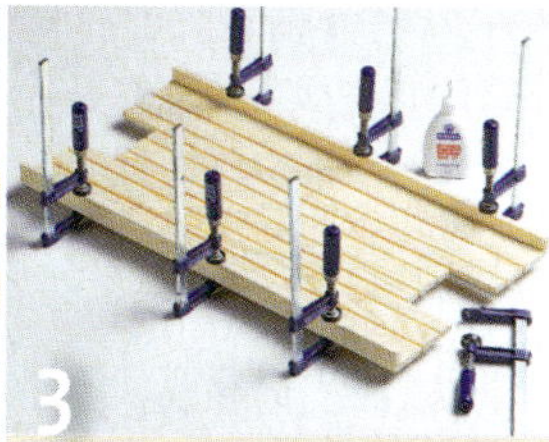

3 *Die Randleisten so lange mit Zwingen fixieren, bis der wasserfeste Holzleim abgebunden hat*

4 *Die Positionen für die Bügelgriffe anzeichnen. Löcher durchbohren und die Griffe verschrauben*

5 *Ansicht von unten: Verbindungsleisten halten die unterschiedlich breiten Ablagebrettchen zusammen*

Schmalseiten mit Rahmenleisten zu versehen, die, wie an den Längsseiten auch, hochkant angebracht werden. So verhindern Sie, dass Äpfel, Birnen & Co. allzu leicht ins Rollen kommen. Selbstverständlich kann die Randeinfassung je nach gewünschtem Einsatz auch höher sein. Wird das Tablett häufig auf empfindlichen Oberflächen abgestellt, sollten Sie Filzgleiter unter die Verbindungsleisten kleben. Auf jeden Fall ist wasserfester Holzleim zu verwenden, das Befestigungsmaterial und die Griffe sollten rostfrei sein.

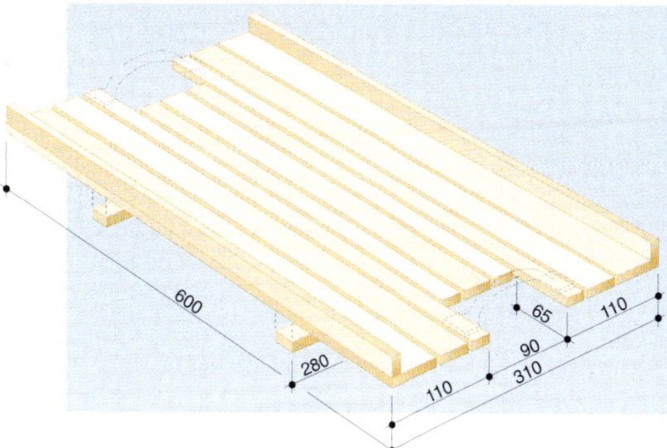

Materialliste **Maße in mm**

Kiefer 50 x 10: 2 Ablagebrettchen 600 lang; Kiefer 30 x 10: 2 Ablageleisten 600 lang, 1 mittlere Ablageleiste 470 lang; Kiefer 20 x 10: 2 innere Ablageleisten 600 lang, 2 innere Ablageleisten 470 lang, 2 Randleisten 600 lang, 2 Verbindungsleisten 280 lang; 8 Senkkopf-Schrauben M3 x 20 (evtl. kürzen) mit Hutmuttern und Scheiben; 2 Bügelgriffe, Lochabstand ca. 110; wasserfester Holzleim.

Obstschale als Design-Objekt

Konstruktion pur – ist das schön? Urteilen Sie selbst. Diese Obstschale jedenfalls präsentiert sich in einem ungewöhnlichen Outfit

Das beste Kompliment an Ihre Arbeit können Sie sich beim Zusammenstecken der Träger- und der Konturbretter am Schluss selbst machen: nämlich dass alles genau passt und nicht wackelt – auch ohne einen Tropfen Leim. Nur dann haben Sie die vielen Schnitte, die diese eigentlich simple Konstruktion doch relativ aufwendig machen, mit der nötigen Genauigkeit ausgeführt. Setzen Sie daher schon die Markierungen mit spitzem Bleistift präzise, und schneiden Sie – mit der Feinsäge ebenso wie mit der Tischkreissäge – die

Knackiges Obst – extravagant dargeboten: Bei überreifen Früchten kann diese Schale natürlich an ihre Grenzen stoßen

Aussparungen immer nur bis vor die Linien ein. Mit der Feile ein wenig nachzuhelfen, wenn's irgendwo klemmt, ist schließlich kein Problem.
Eine wichtige Hilfe beim präzisen Arbeiten ist der Tiefenanschlag an der Feinsäge. Befestigen Sie die Anschlagleiste aus Restholz mit Doppelklebeband einfach direkt auf dem Sägeblatt.
Sollte der Boden eines Einschnitts nicht ganz glatt ausfallen, arbeiten Sie ihn vorsichtig (nicht zu viel Material abtragen!) mit der Feile nach.
Die Schalenform bilden 17 Lamellen, die bis auf die beiden äußeren, die gerade bleiben, oben unterschiedlich tiefe bogenförmige Konturschnitte erhalten. Bis auf das mittlere und mit 150 mm Radius am tiefsten eingeschnittene Konturbrett gibt es jedes zweimal.
Um sich das Anreißen der Konturen mit dem Zirkel zu erleichtern, bauen Sie aus einer ausreichend großen Grundplatte (mindestens 350 x 200 mm) und zwei winkelförmig darauf montierten Anschlagleisten (Bild 3) eine Anreißschablone. Der Mittelpunkt, an dem Sie den Zirkel einstechen, liegt 150 mm vom Seiten- und 150 mm vom unteren Anschlag aus gemessen (s. Zeichnung).
Das Vorritzen der Schnitte in Sperrholz mit dem Cutter ist ein alter Trick, um

„Kämme" nehmen die Konturbretter auf

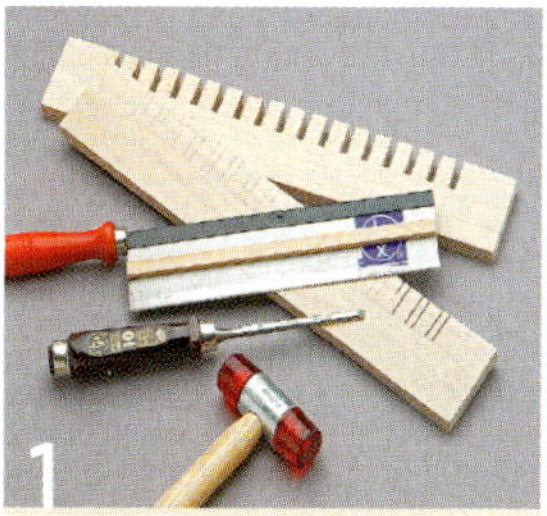

1 *Versehen Sie die Feinsäge mit einem 25-mm-Tiefenanschlag. Markieren Sie die Einschnitte ...*

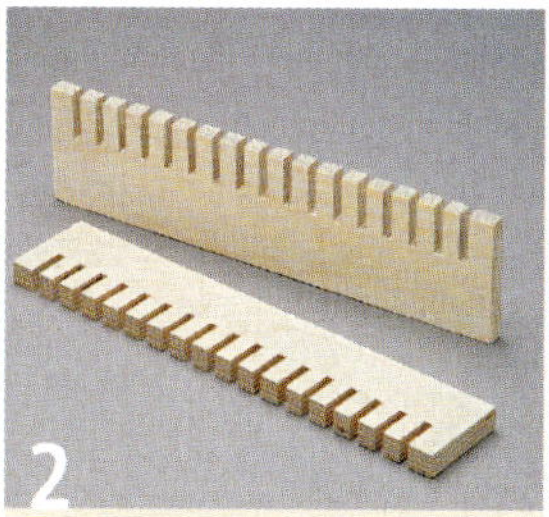

2 *... auf den Trägerbrettern. Von oben einschneiden und mit Hammer und Beitel ausstemmen*

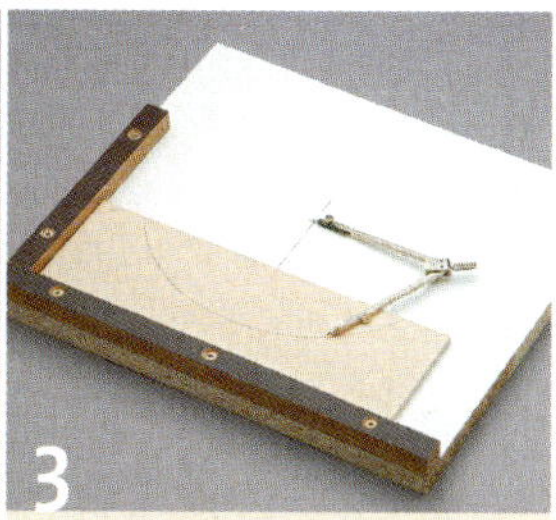

3 *Die Bögen der Konturbretter reißen Sie in einer Schablone aus Grundplatte und Leistenwinkel an*

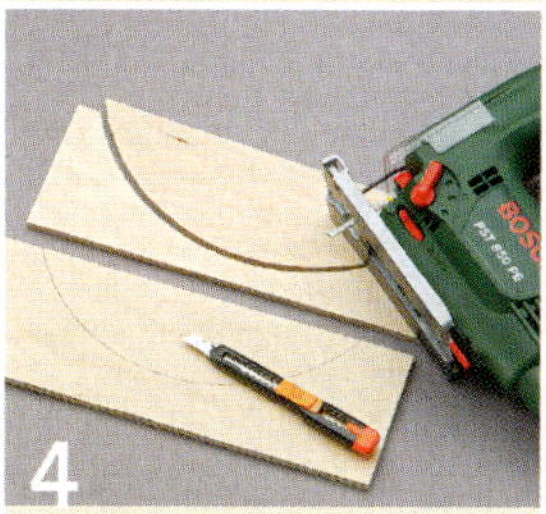

4 *Ritzen Sie die Linien mit dem Cutter an, bevor Sie die Bögen mit der Stichsäge ausschneiden*

5 *Anschließend schleifen Sie die Bögen mit der Schleifwalze bis an die Markierungslinie glatt*

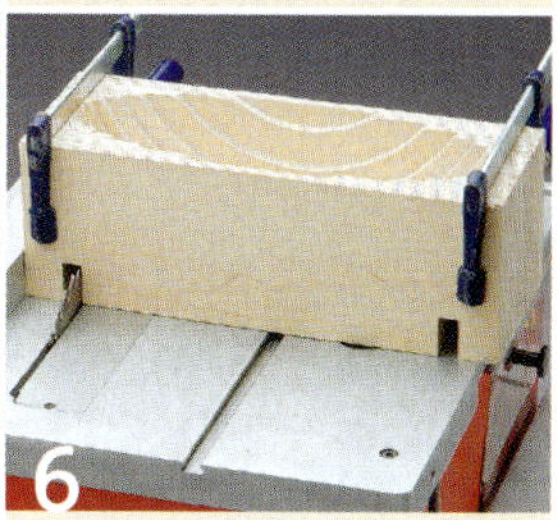

6 *Eine Formatsäge erleichtert die Arbeit: Anschlag Schnitt für Schnitt millimeterweise weiterstellen*

Hier ist präzises Arbeiten gefragt

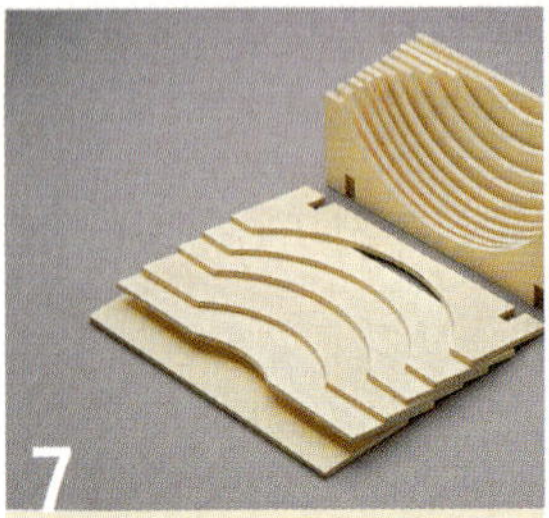

7 *Besitzen Sie keine Formatsäge, gehen Sie beim Einschneiden der Konturbretter vor wie in Bild 1*

8 *Nach dem Durchtrocknen des Anstrichs stecken Sie Trägerbretter und Konturleisten zusammen*

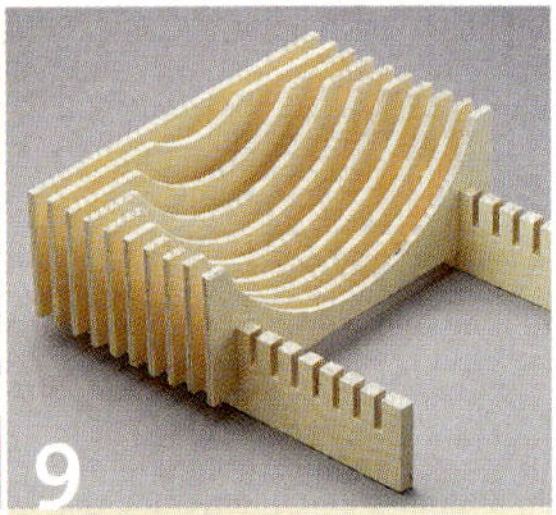

9 *Haben Sie nicht präzise genug gearbeitet, geben Sie Leim in die Nuten der Trägerbretter*

zu verhindern, dass die Deckschicht der Platte beim Schneiden ausreißt. Lassen Sie auch bei den Konturschnitten stets die Markierungslinie stehen. Sie hilft Ihnen, danach beim Glätten mit der Schleifwalze die genaue Form zu treffen (siehe Bild 5).

Eine Menge Arbeit erspart Ihnen eine Tischkreissäge. Damit nämlich können Sie sämtliche Konturplatten – mit Zwingen als Block zusammengespannt – mehrfach am Millimeter für Millimeter weitergeschobenen Anschlag über das Sägeblatt führen, bis die benötigte Nutbreite von 12 mm erreicht ist (Bild 6). Die Alternative: Sie zeichnen Ausschnitt für Ausschnitt auf jedem Konturbrett genau an, schneiden mittels Feinsäge mit Tiefenanschlag die Senkrechten ein und stemmen das Holz mit Hammer und Beitel aus.

Vor dem endgültigen Zusammenstecken behandeln Sie die Oberfläche mit Öl. Sie können die Teile auch lackieren, was jedoch aufwendiger ist. Das Öl mit dem Pinsel aufstreichen, 20 Minuten einziehen lassen und überschüssiges Öl mit einem Lappen abnehmen. Tränken Sie ihn nach Gebrauch mit Wasser, da sonst die Gefahr der Selbstentzündung besteht. Den Anstrich über Nacht trocknen lassen, zwischenschleifen und einen zweiten Anstrich nach der gleichen Methode wie zuvor beschrieben auftragen. Den Pinsel sollten Sie nach Gebrauch mit Terpentinersatz reinigen.

TIPP

Oberfläche schützen

Der Dosenhinweis „für Treppen und Böden aus Holz“ verweist nur auf die Haltbarkeit des Anstrichs. Aber die mit Hartwachs-Öl gestrichene Flächen sind sogar spielzeuggeeigneten und speichelfest. Das Öl ist beständig gegen Wasser und die meisten Haushaltschemikalien und betont Maserung und Holzton.

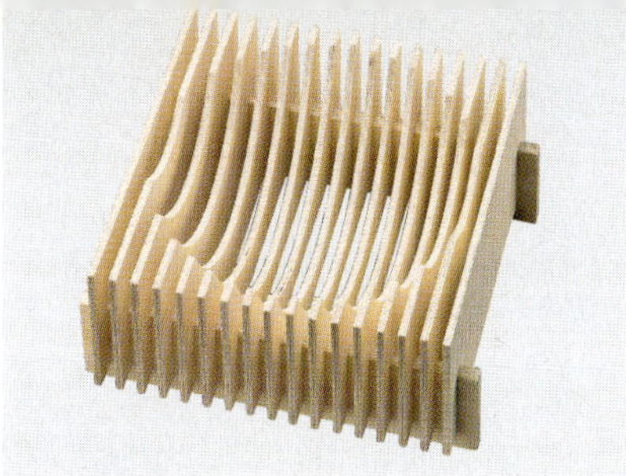

Materialliste **Maße in mm**

Multiplex 12 dick:
2 Trägerbretter 320 x 65;
Sperrholz 6 dick: 17 Konturbretter 300 x 100 (die beiden äußeren ohne Kontur).

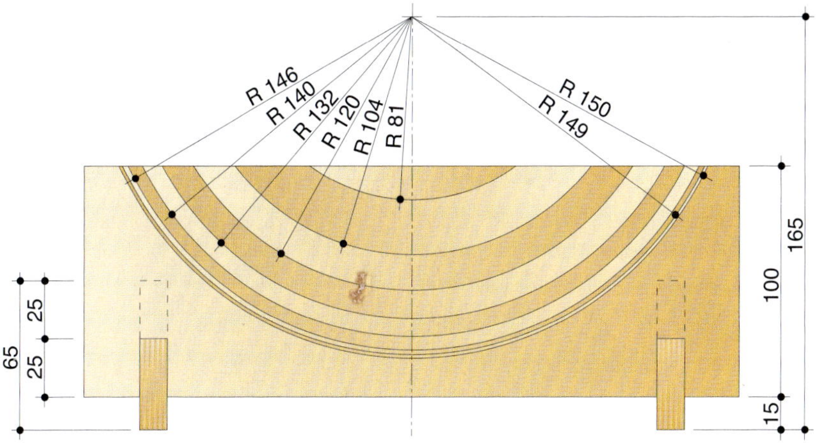

Schnitt A√A

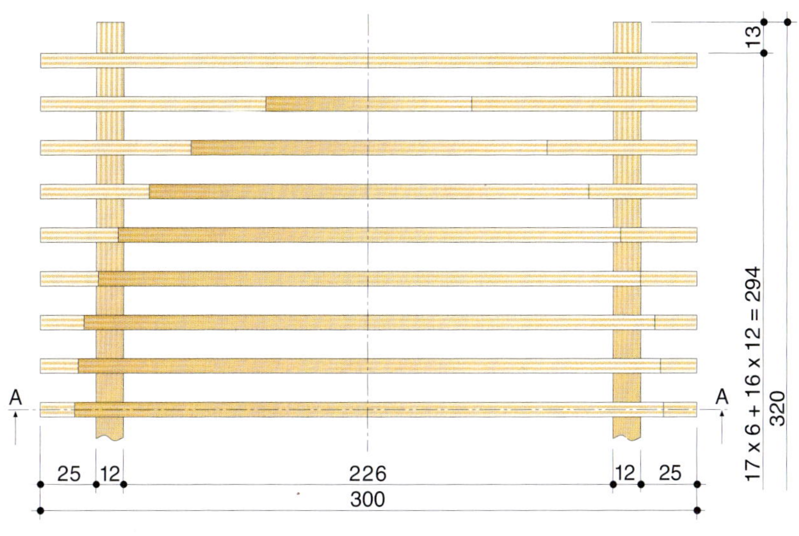

halbe Draufsicht

Das Ding mit dem Dreh

Eine in Form, Farbe und Design perfekt auf den vorhandenen Gartentisch abgestimmte Drehplatte ist der Clou für jede fröhliche Runde

Haben Nahrungsmittel direkten Kontakt mit dem Drehteller, auf lebensmittelgeeignete Farbe achten

Würdest du mir mal bitte dies rübergeben, könnten Sie mir bitte das anreichen? Wer kennt die kleinen, mitunter etwas unbequemen Rituale nicht. Damit hat es nun ein Ende. Denn (fast) jeder Gartentisch lässt sich mit dieser selbstgefertigten Drehplatte nachrüsten. Die Basis ist ein um 360° drehbarer Beschlag mit 33 cm Durchmesser. Er ist mit der Tischplatte verschraubt. Aber keine Angst, Ihr guter Holztisch wird dabei nicht beschädigt –

Die Drehplatte

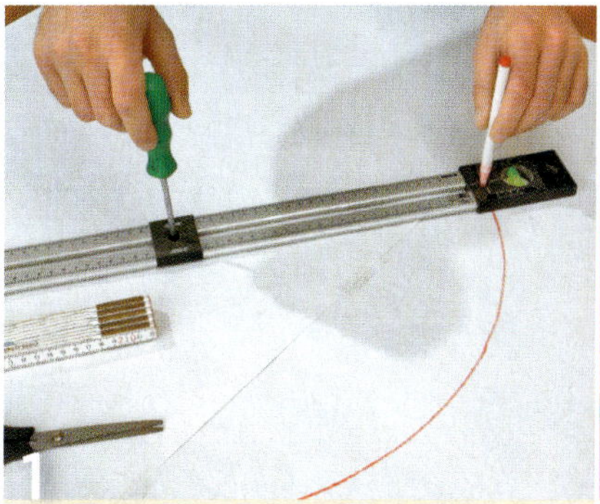

Schablone anfertigen: Einen Kreis mit 550 mm Durchmesser auf Pappe oder eine alte Tapetenbahn zeichnen

Um acht gleich große Segmente zu erhalten, den Kreis halbieren und dreimal in gleichmäßige (Kuchen-)Stücke falten

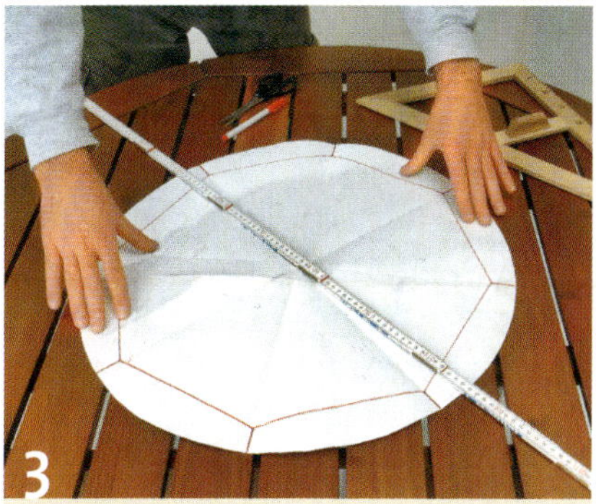

Randabschnitte laut Zeichnung auf Seite 45 markieren. Der Abstand zum Rand beträgt 50 mm

Die Randstücke ausschneiden, als Schablone auf das Holz legen, abzeichnen und konturgerecht sauber ausschneiden

vorausgesetzt, Sie positionieren die Löcher des Drehbeschlags genau über den Ritzen, stecken die Schrauben durch und kontern von unten mit einem Holzstück. Bei vollflächigen Tischplatten allerdings sind Schraubenlöcher nicht zu vermeiden. In diesem Fall ist die Oberfläche der Drehplatte exakt auf die der Tischplatte abgestimmt – sowohl, was die Anordnung der Hölzer betrifft, als auch in der Farbe. Bei der Oberflächenbehandlung sollten Sie darauf achten, lebensmittelverträgliche Lacke oder Lasuren (DIN EN 71-3) zu verwenden, wenn Sie beispielsweise Obst und Gemüse direkt auf der Platte servieren und nicht wie hier gezeigt auf Tellern und in Schalen.

Präzision ist schon gefragt

Der Nachbau der Platte selbst ist ein Kinderspiel. Mit Hilfe einer selbstgefertigten Schablone lassen sich die Hölzer passgenau zuschneiden. Wie das genau

Die Drehplatte

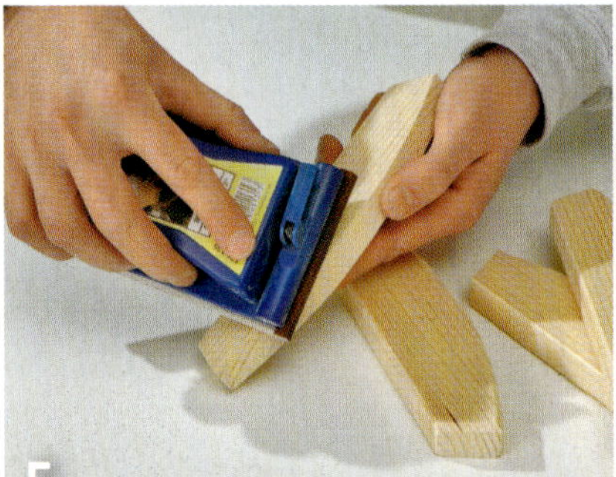

5

Die Abschnitte rundherum sorgfältig schleifen und die Kanten mit dem Schleifklotz (feines Schleifpapier) brechen

6

Die Randstücke zum Kreis zusammenlegen und auf die Oberseite Konstruktionskleber auftragen

7

Die aus 5 mm dickem Sperrholz zugeschnittene Grundplatte auf den vorbereiteten Ring legen

8

Solange der Kleber abbindet, den Doppelpack mit Zulagen und Schraubzwingen auf der Arbeitsplatte fixieren

9

Hat der Kleber abgebunden, die herausgequollenen Reste mit einem scharfen Stechbeitel entfernen

10

Die elf Füllhölzer (siehe Materialliste) über den Ring legen und die erforderlichen Schrägschnitte anzeichnen

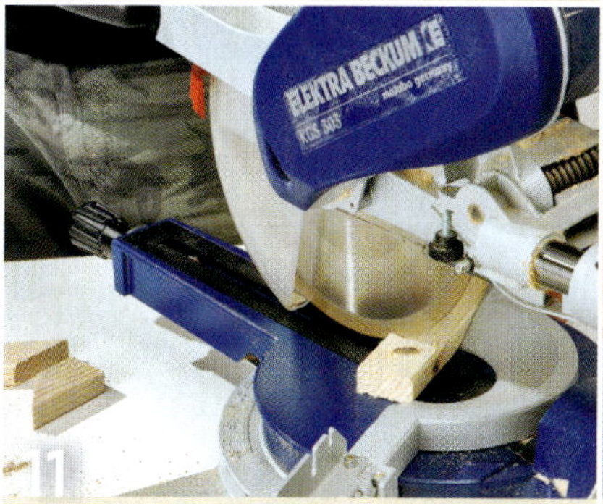

11

Am saubersten schafft die Schrägschnitte eine Kapp- und Gehrungssäge. Schlechte Alternative: eine Stichsäge

12

Die zugeschnittenen Teile schleifen und die Kanten brechen. Probeweise den Ring mit den Teilen auslegen

13

Passen sämtliche Füllhölzer exakt, Konstruktionskleber auftragen und Stück für Stück in den Ring legen

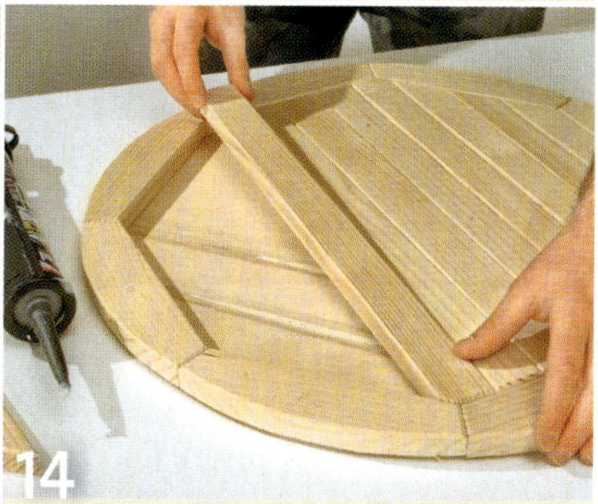

14

Beim Einlegen der einzelnen Leisten ist Präzision oberstes Gebot. Die Konstruktion dann so lange mit Schraubzwingen ...

geht, zeigt die Bildfolge auf diesen Seiten. Eine wesentliche Arbeitserleichterung beim exakten Ausführen der Schrägschnitte ist eine Kapp- und Gehrungssäge (Bild 11). Wer keine hat, behilft sich mit der Stichsäge. Wichtig dabei ist, ein feingezahntes Blatt zu verwenden. Die Kanten der Holzteile können Sie wie hier von Hand mit einem Schleifklotz brechen, wesentlich leichter geht's allerdings mit einer Oberfräse plus Fasenfräser. Damit lassen sich alle Kanten absolut gleichmäßig brechen – bei einer dekorativen Oberfläche wie in diesem Fall ein wesentlicher Faktor. Für eine perfekte Oberflächenbehandlung empfiehlt sich ein zweimaliger Farbauftrag mit Zwischenschliff – ein einmaliger Auftrag genügt in der Regel bei draußen genutzten Möbeln nicht.

Der Drehbeschlag

Der Kern des Ganzen ist der um 360° drehbare, kugelgelagerte Beschlag. Er hat eine Tragkraft von 300 kg, die aber selbst beim größten Appetit kaum ausgereizt

Die Drehplatte

... fixieren, bis der Kleber abgebunden hat. Anschließend die Platte rundherum mit grobem, mittlerem und ...

... feinem Schleifpapier bearbeiten und mit Holzschutzlasur farbig oder transparent streichen

Der Drehbeschlag

Drehbeschlag mittig auf die Tischplatte schrauben. Befestigungslöcher über den Ritzen ausrichten, ...

... Schrauben durchstecken und von unten mit einem Holzstück kontern. Konstruktionskleber ...

... möglichst gleichmäßig auftragen. Die Drehplatte präzise aufsetzen und fest andrücken

werden dürften. Die rutschfesten Gummiauflagen, mit denen der Drehbeschlag ausgerüstet ist, werden beim Fixieren mit Schrauben einfach entfernt. So ausgestattet, wird Ihr Gartentisch mit Sicherheit zum Dreh- und Angelpunkt für Familie und Freunde.

Einkaufsliste

Pos.	Anz.	Bezeichnung	Maße in mm	Material
①	1	Grundplatte	525 Ø	Sperrholz 5 mm dick
②	8	Randstücke	210 x 50	Fichte 18 mm dick
③	1	Füllholz	450 x 50	
④	4	Füllhölzer	450 x 40	
⑤	2	Füllhölzer	435 x 40	
⑥	2	Füllhölzer	355 x 40	
⑦	2	Füllhölzer	275 x 40	

1 Drehbeschlag 360° drehbar, ca. 330 Ø; Konstruktionskleber.

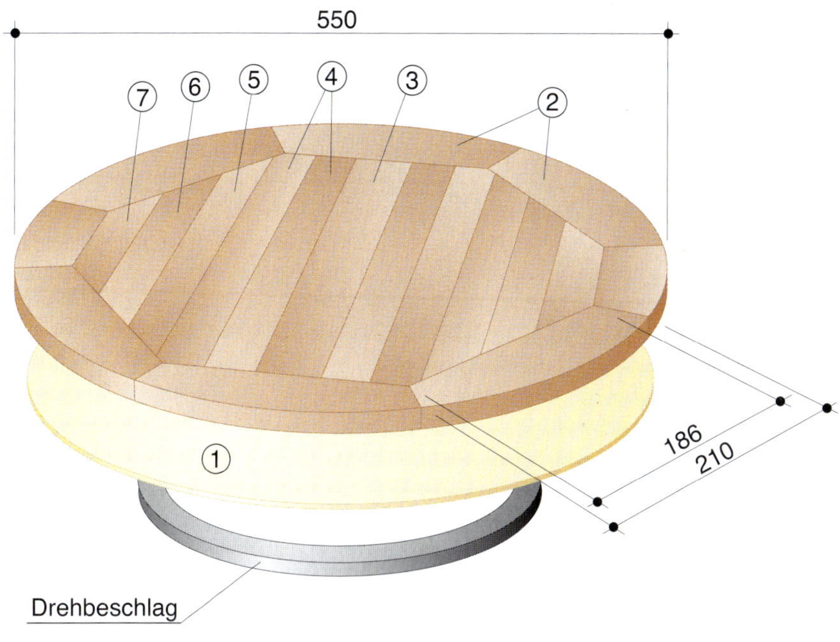

Solider Holztisch für die Küche

Kleine Küchentische gibt's überall zu kaufen. Wollen Sie aber ein passgenaues und exklusives Möbelstück, müssen Sie selbst schreinern

Um in das Wohnumfeld zu passen, hilft oft nur eine Eigenkonstruktion

Die Küche ist für viele der gemütlichste Raum, wenn es um Essen, Trinken und anregende Gespräche geht. Daher befindet sich auch in den meisten Küchen, deren Platz es erlaubt, ein einladender Esstisch.

Und gerade dann, wenn man nur wenig Raum zur Verfügung hat, möchte man diesen optimal nutzen. Da bietet der Handel mit standardisierten Tischgrößen oft nicht das Passende, und selbst wenn Sie einen im Format geeigneten Tisch finden, entspricht dieser häufig nicht Ihren Ansprüchen bezüglich Material, Verarbeitung oder Form.

Der hier gezeigte Tisch besteht aus Buche-Leimholz. Die Tischplatte ist 27 mm dick, die Zargenhölzer sind 18 mm dick. Die Tischbeine sind als Halbfertigware gekauft und, wie in der Bildfolge gezeigt, nachbearbeitet.

Durch die sich nach unten hin verjüngenden Beine wirkt der Tisch wesentlich harmonischer und leichter. Zeichnen Sie die gewünschte Schräge immer auf beiden Seiten an und hobeln mit scharfem Eisen bis zu dieser Linie.

Achten Sie darauf, die oberen 75 mm der Beine auszusparen, andernfalls würden sie nach der Montage schräg stehen.

Nun beginnen Sie mit der Bearbeitung der vier Zargenteile. Nach dem Ablängen

Die Tischbeine

1 *Zeichnen Sie die Verjüngung auf 34 x 34 mm Standfläche beidseitig auf. Sparen Sie die oberen 75 mm dabei aus ...*

2 *... und hobeln von dort bis auf die angezeichneten Linien. Das gilt auch für die noch parallelen Flächen*

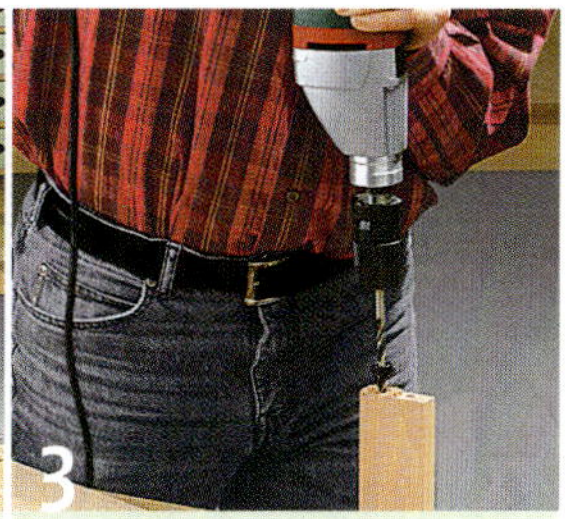

3 *Nach dem Zuschnitt der Hölzer für die Zarge bohren Sie in jede Stirnholzfläche zwei 8-mm-Sacklöcher*

4 *Markieren Sie nun mit Dübelhilfen die Positionen der Gegenbohrungen auf den Tischbeinen. Bezeichnen ...*

5 *... Sie exakt die Lage der einzelnen Zargen zu den Tischbeinen. Danach bohren Sie in die Markierungen*

6 *Schleifen Sie die Flächen und entgraten Sie die Kanten der Holzteile mit 120er Schleifpapier*

bringen Sie möglichst senkrecht die 8-mm-Bohrungen für die Holzdübel ein. Verwenden Sie einen Bohrer mit Tiefenanschlag und bohren in jede Kopfholzfläche zwei Sacklöcher.

Passgenauigkeit mit Dübelhilfen

Mit Dübelfixen ermitteln Sie nun die Gegenbohrungen in den Tischbeinen. Hier ist besonders wichtig, die Teile exakt zusammenzuführen, um dann mit leichtem Druck die Markierungen der Zentrierspitzen im Holz sichtbar werden zu lassen.
Markieren Sie unbedingt die Lage der Teile zueinander, um auch beim Verleimen die Passgenauigkeit zu gewährleisten. Da die Tischbeine konisch zulaufen, lässt sich nicht so einfach überprüfen, ob die Beine senkrecht zu den Zargen stehen. Kontrollieren Sie, ob das Maß zwischen dem senkrechten Schenkel eines an der Zarge angelegten Winkels und dem Ende des Tischbeins rechts und links jeweils genau den abgehobelten 11 mm entspricht. Pressen Sie die Leimverbindung dann mit Klemmzwingen.
Wenn Sie die Tischplatte zugesägt, mit dem Abrundfräser bearbeitet und mit der Handkreissäge schräg nachgeschnitten haben, müssen Sie alle Flächen und Kanten mit Schleifpapier glätten.

Montage und Tischplattenkante

7 *Verleimen Sie zunächst je zwei Tischbeine mit den kurzen Zargenelementen (Position kontrollieren). Anschließend verbinden Sie diese Teile mit den langen Zargenelementen zum fertigen Tischgestell*

8 *Nach dem Zuschnitt der Tischplatte fahren Sie mit einem Abrundfräser oben an den Kanten entlang*

9 *Die Handkreissäge auf 20° stellen und entlang der Laufschiene alle Tischkanten exakt nachschneiden*

10 *Richten Sie das Gestell mittig auf der Tischplatte aus und verschrauben beide Bauteile mit den Klötzchen*

TIPP

Buche-Tischbeine

Die Rohlinge der hier verwendeten Tischbeine können Sie in jedem gut sortierten Baumarkt kaufen. Lediglich die Verjüngungen müssen Sie – mit sehr viel handwerklichem Geschick – und einem passenden und perfekt geschärften Werkzeug selbst herstellen. Nehmen Sie sich ausreichend Zeit dafür.

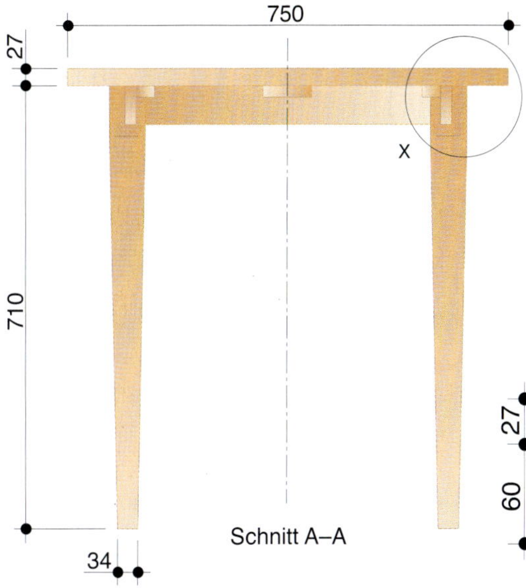

Schnitt A–A

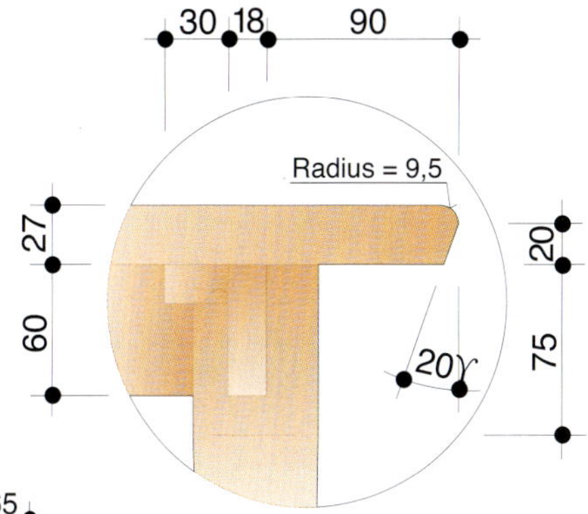

Detail X

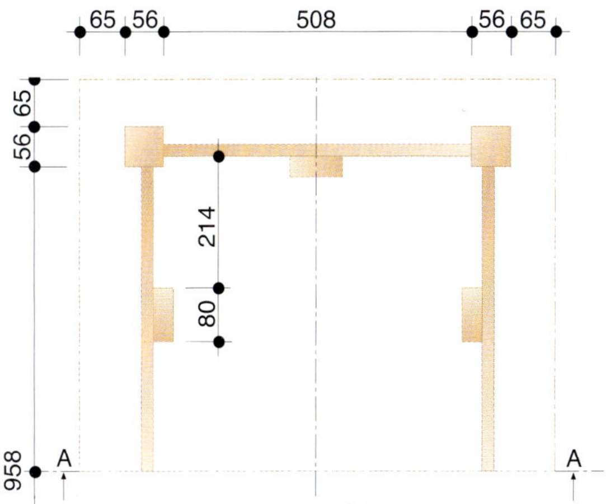

halbe Draufsicht
Tischplatte als
Kontur dargestellt

***Materialliste** Maße in mm*

Buche-Leimholz 27 dick:
1 Tischplatte 1200 x 750;
Buche-Leimholz 18 dick:
2 Längszargen 958 x 60,
2 Querzargen 508 x 60,
6 Verbindungsklötzchen 80 x 30; 4 Tischbeine 56 x 56 x 710 lang; Spanplatten-Schrauben;
8-mm-Holzdübel; Holzleim

Dann richten Sie das Gestell auf der Tischplatte aus und markieren die Befestigungspunkte: zwei auf jeder Längs- und je eins an der Kopfseite. Vor dem Verschrauben mittels Restholz-Klötzchen sollten Sie die Tischplatte und das komplette Gestell von allen Seiten gleichmäßig mit schützendem Holzöl tränken. Es ist einfach aufzutragen und hinterlässt eine samtig schimmernde Oberfläche. Überschüssiges Material sollten Sie aber direkt mit einem fussel-freien Lappen entfernen und den Auftrag in Zyklen wiederholen.

Essplatz in der Küchenecke

Die Küche ist das Zentrum eines Hauses. Hier trifft man sich, tauscht Neuigkeiten aus. Eine gemütliche Sitzecke kommt da gerade recht

In beiden Schenkeln der Eckbank ist reichlich Stauraum vorhanden, den Sie für oft benutzte Gegenstände nutzen können

Sollten Sie sich von manchmal dubiosen Internetschnäppchen verführen lassen? Lohnt es sich da für den Heimwerker, eine Eckbank selbst zu bauen, obwohl die Materialkosten den Preis eines fertigen Produkts bereits überschreiten? Darauf gibt es nur eine Antwort: Ja! Und das aus guten Gründen. Zunächst haben Sie bei einem selbstgebauten Möbel die Möglichkeit, den Ihnen zur Verfügung stehenden Platz vollständig zu nutzen, indem Sie das Möbel genau einpassen. Die Längen der Sitzelemente bestimmen Sie. Der kompliziertere Eckbereich ist davon nicht betroffen. Außerdem wurden die

Bau der Grundelemente

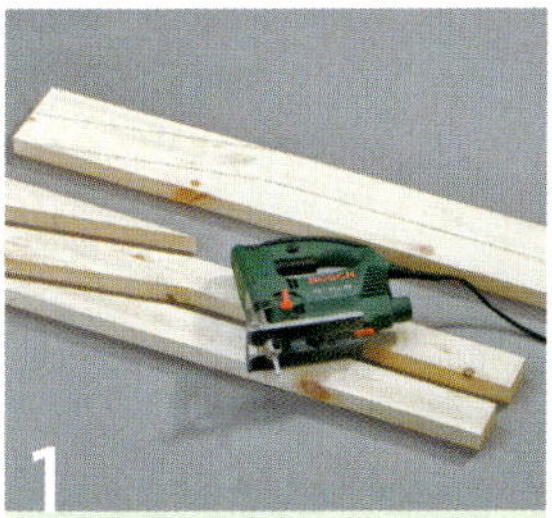

Beginnen Sie beim Zuschnitt der Rücklehnen-Elemente. Schneiden Sie hier entlang des Maserungs-Verlaufs

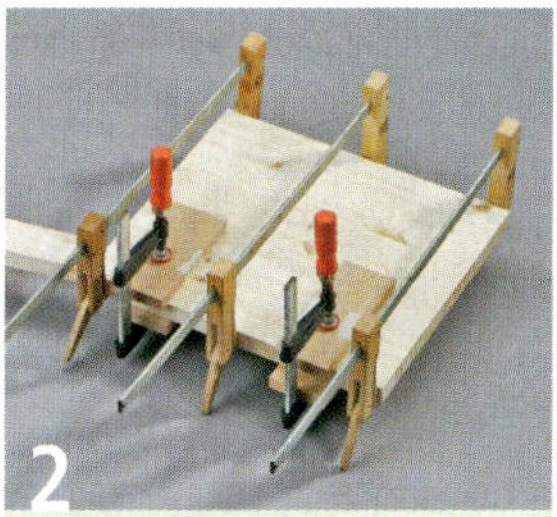

Verleimen Sie die Lehnen-Einzelelemente zum Gesamt-Unterteil. Dabei müssen Sie flächenbündig …

… arbeiten. Das erreichen Sie mit der hier gezeigten Zwingenanordnung. Zulagen mit Zeitungspapier trennen

Schneiden Sie nun den Fußbereich mit der Stichsäge oder mit Stichsäge und Forstnerbohrer aus

Die Enden der Lehnenstützen runden Sie mittels grober Raspel und danach mit einer feineren Feile ab

Schneiden Sie anschließend die Teile für die Staufächer zu. Hierzu die Säge wie benötigt exakt einstellen

Bau der Grundelemente

7 *Leimen Sie zunächst den Riegel für die Deckelscharniermontage oben bündig an die Rückwand*

8 *Nun Stück für Stück die Mittelpunkte der Dübellöcher markieren und mit Tiefenanschlag einbringen*

9 *Erst jetzt die Seitenteile mit dem Abrundfräser bearbeiten. Im Bereich der Sitzfläche nicht abrunden*

10 *Nun die Teile miteinander verleimen. Hierbei wäre ein zweiter Mann überaus hilfreich*

11 *Auch den Eckbankdeckel mit Raspel und Feile runden und Vorderkante sowie Außenseiten rundfräsen*

12 *Für die Scharniere mit einem scharfen Beitel an Deckel und Rückwandriegel Aussparungen einarbeiten*

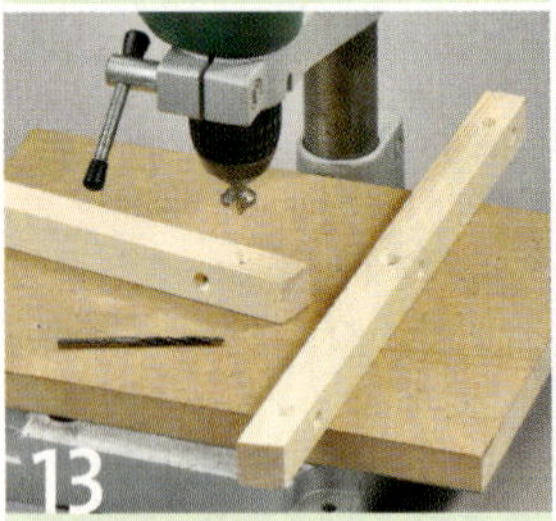

13 *Bereiten Sie nun die Auflager für die Rückenlehne vor. Hierzu versetzt bohren und von außen ansenken*

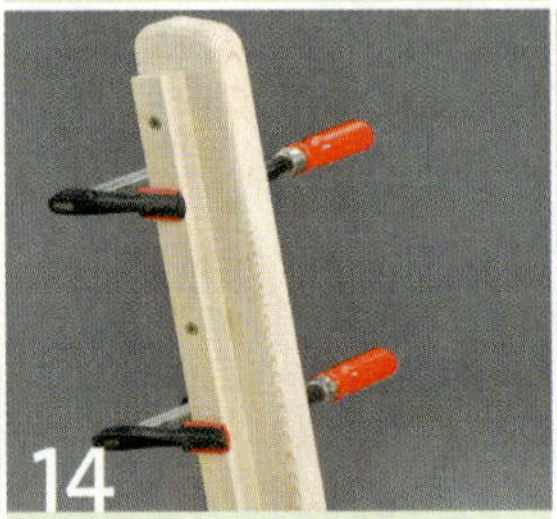

14 *Montieren Sie nun die Auflager-Leisten an den Seitenteilen. Sie können zusätzlich Leim angeben*

15 *Zuletzt schrauben Sie die Rückenlehne auf. Damit ist der Bau der beiden Einzelbänke abgeschlossen*

Möbel so geplant, dass sie über Jahre hinweg stabil bleiben und das Material der Belastung angepasst ist. Daher bestehen die tragenden Teile von Bank und Tisch aus 28-mm-Kiefer-Leimholz statt aus preiswerterem und weniger stabilem 18-mm-Material. Des weiteren haben Sie die Möglichkeit, alternativ auf Basis dieser Konstruktion die Möbel in Buche-Leimholz auszuführen und die Oberfläche Ihren Wünschen entsprechend zu beizen, zu ölen oder zu lackieren. Von diesen rationalen Gründen einmal abgesehen, weiß jeder, der einmal ein Möbel selbst gebaut hat, dass sich nach erfolgreichem Abschluss ein Gefühl innerer Zufriedenheit einstellt, das ein Möbelleben lang hält.

Für die kleine Küche

Bei der Planung der Bank standen diejenigen im Vordergrund, die nur wenig Platz zur Verfügung haben und mit Kaufmöbeln, die in der Regel größer sind, nicht zurechtkommen. Bei der Wahl der Elektrowerkzeuge sollten Sie auf hochwertige Geräte zurückgreifen. Gerade der Zuschnitt der Eck-Bauteile sowie der 28-mm-Seitenelemente müssen exakt erfolgen, damit nachher auch alles zusammenpasst. Mit einer guten Handkreissäge – idealerweise mit Führungsschiene – ist das jedoch problemlos zu bewältigen. Beachten Sie beim Zuschnitt der Anleim-Elemente der Seitenteile, dass die später stumpf zu verleimende Schnittkante mit der Kreissäge exakt gerade ausgeführt wird. Nur die Schräge und die rückwärtige Kante können Sie mit der Stichsäge bearbeiten. Beim Arbeiten

Eckkonstruktion

An den nach innen zeigenden Seiten montieren Sie die Auflager für die starre Eck-Sitzfläche

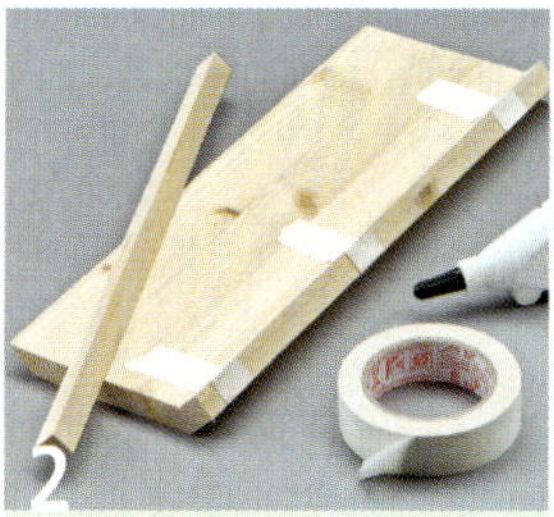

Auf die Rückseite der auf Gehrung geschnittenen Eck-Blende leimen Sie längs zwei Dreiecksleisten auf

Fixieren Sie diese mit Klebeband und pressen Sie sie mit Schraubzwingen und einer stabilen Zulage

Durch die Dreiecksleiste die Blende auf ein Seitenteil schrauben. Die gesamte Eckverbindung nicht verleimen

Die zweite Bank rechtwinklig und eben ausrichten und Blende am zweiten Seitenteil festschrauben

Erst wenn die Eck-Sitzfläche von unten verschraubt ist, dürfen Sie die Bänke vorsichtig wieder verrücken

mit der Stichsäge sollten Sie im Bereich von Rundungen im 28-mm-Material besonders vorsichtig vorgehen. Hier neigt das Sägeblatt dazu, zu verlaufen, was dazu führen kann, dass Sie auf der angezeichneten oberen Seite zwar exakt „auf Linie" geschnitten haben, 28 mm tiefer jedoch einen unerwünschten Materialverlust feststellen müssen. Wir empfehlen Ihnen daher alternativ, beim Zuschnitt des Sockelbereichs der Seitenteile die Rundungen mit einem Forstnerbohrer auszuführen und nur die Geraden mit der Stichsäge zu schneiden. Auch bei der Fertigung der Rundungen im oberen Bereich der Seitenteile sowie der Sitzflächen sollten Sie statt einer Stichsäge die Raspel anlegen – ein etwas mühsameres, aber sicheres Verfahren. Der komplizierteste Schritt ist sicherlich der Zuschnitt der Auflager für die Eck-Rückenlehne. Hier leistet eine Doppelgehrungssäge gute Dienste, die sowohl horizontal als auch vertikal verstellbar ist. Sind die Einzelteile zugeschnitten, sollte das Verleimen gut gelingen – vor allem, wenn eine zweite Person mit anpackt. Besondere Aufmerksamkeit beim Verleimen der Einzelbänke sollten Sie dem Staufachboden widmen: Er neigt aufgrund des Schrägschnitts dazu, im mittleren Bereich vorne nach oben hin zu

Eckkonstruktion

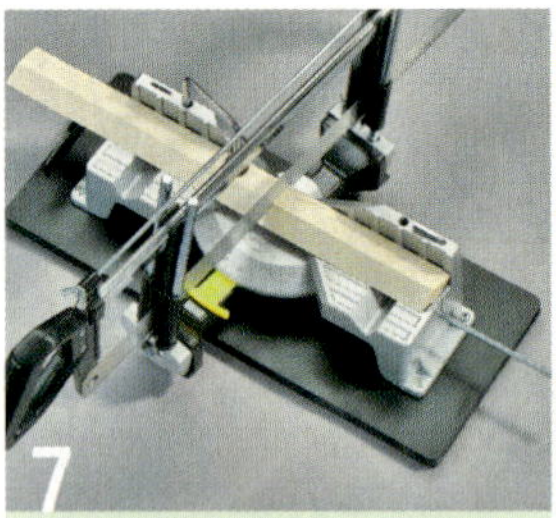

Der Zuschnitt der rautenförmigen Auflager gelingt am besten mit einer solchen, dreidimensional ...

... verstellbaren Gehrungssäge. Abgekniffene Stiftnägel verhindern beim Aufleimen auf die Lehne, dass sie ...

... durch den Leimfilm verrutscht. Die Leisten mit der im Bild gezeigten Hilfskonstruktion anpressen

Richten Sie die Rückenlehne aus, fixieren sie mit Zwingen und schrauben sie an. Vorbohren und ansenken

Nun schrauben Sie nur noch das bankseitige Auflager für die Eckablage hinter die Rückenlehne

TIPP

Geheimfach in der Ecke

Die Ecklösung sollte einfach und stabil sein. Statt der meist recht umständlichen Bauart mit einer diagonalen Stütze befestigen Sie einfache Auflager. Nehmen Sie das Höhenmaß des montierten Auflagers und übertragen es auf die Wand. Schrauben Sie nun die Leisten an, schieben die Eckbank an ihren endgültigen Platz und legen das Eckbrett ein.

Tischkonstruktion und -aufbau

1 *Schneiden Sie eine rechts und links auf Gehrung zugeschnittene Leimholzplatte in Streifen, verbinden sie …*

2 *… außen mit Klebeband und geben in der Gehrung Leim an. Rechtwinkligkeit prüfen. Mit Dübelhilfen die …*

3 *… Bohr-Mittelpunkte in dem Sockelrahmen und der oberen Sockelplatte markieren und die Bohrungen …*

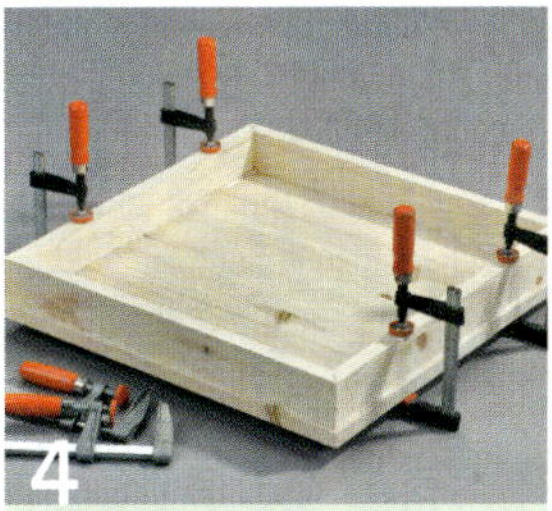

4 *… einbringen. Leim angeben, Dübel einsetzen und mit Schraubzwingen bis zum Aushärten fixieren*

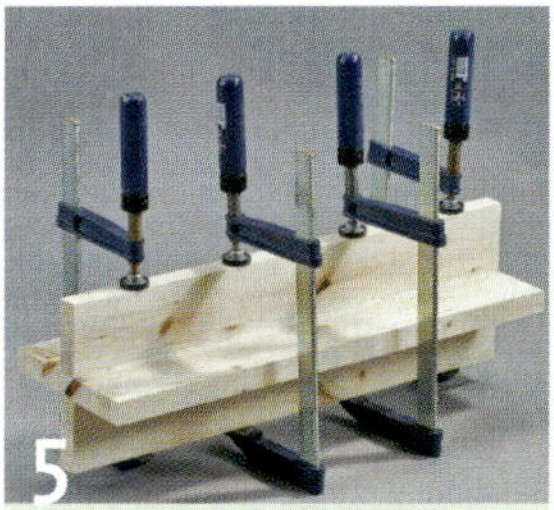

5 *Die Bohrpunkte für den Steg ermitteln. Auch hier beim Verleimen für Anpressdruck sorgen*

6 *Schrauben und leimen Sie den Sockel sowie die Trägerplatte für den Tisch in das Stirnholz der Tischstütze …*

7 *… und schrauben Sie durch die vier Bohrungen in der Halteplatte die eigentliche Tischplatte fest*

8 *Auch die Sockel-Bodenplatte schrauben Sie nach Einlegen der Beton-Gehwegplatte auf den Rahmen*

9 *Filzgleiter unter den Außenecken sorgen für sicheren, kippelfreien Stand und schonen den Boden*

verrutschen. Dies können Sie mit einer durch Zwingen gehaltenen Stützleiste verhindern. Gerade bei der Kombination mit kleinen Eckbänken ist ein vierbeiniger Standardtisch unpraktisch, weil er die Beinfreiheit stark einschränkt. Deshalb wurde hier ein Tisch mit Mittelfuß vorgesehen und konstruiert.

Küchenblock mit Untergestell

Ein Satz scharfer Messer und ein stabiler Hackblock – das macht den Hobbykoch beim Vorbereiten von Köstlichkeiten so richtig glücklich

Im Schubkasten ist Raum für Korkenzieher, Salatbesteck oder Flaschenöffner

Große Klappe, viel dahinter: der Messerblock hängt sicher an solchen Bettbeschlägen, ...

... die Sie im Fachgeschäft oder einem gut sortierten Baumarkt finden

Auch die Küche ist eine Werkstatt. Und beim Kochen entspricht so ein Küchenblock der Werkbank. Er ist für den passionierten Hobbykoch der ideale Platz zum Vorbereiten von Fisch, Fleisch oder Gemüse für den Topf und die Pfanne. Außerdem kann er mit einem höheren Hocker zum reizvollen kleinen Frühstückstisch werden, zum Beispiel als Logenplatz am Fenster.

Der Nachbau erfordert Geschick und mindestens eine Handkreissäge mit Anschlagschiene. Falls Sie eine Tischkreissäge besitzen: Diese muss über einen Schiebeschlitten mit mindestens 1 m Abstand zwischen Anschlag und Sägeblatt verfügen. Am besten Sie üben das genaue Platzieren der Anschlagschiene beim Schneiden der schrägwinkligen Kanten und das Positionieren der darin schräg eingesetzten Dübel. Die für den Nachbau äußerst nützliche Zeichnung finden Sie auf Seite 61 samt umfangreicher Materialliste.

Schöne Maserung für die Front

Lassen Sie die Platten rechtwinklig etwa 20 mm größer zuschneiden.

Für die Schokoladenseite, also die Front mit der Klappe für den Messerblock und die Schublade, sollten Sie sich ein schön gemasertes Stück aussuchen.

Dann zeichnen Sie die Linien auf, an denen Sie die Anschlagschiene für die Schnitte positionieren. Schrägen Sie zuerst die kurzen oberen und unteren Kanten auf 9° ab.

Zu den Längsschnitten: Die Kante der einen Seite wird nur angeschrägt, die andere schräg abgeschnitten und dann angeschrägt. Lassen Sie 20 mm stehen und probieren Sie das Anschrägen in Schritten erst aus.

Für die Verbindungen der Seitenwände müssen Sie im oberen Drittel der Schnittkante spezielle Flachdübel-Verbinder (lassen Sie sich im Baumarkt beraten) einlassen, damit sie nicht auf der anderen Seite austreten.

Zeichnen Sie dazu die Mittellinie der Schnitte auf. Auch das üben Sie am besten an Probestücken mit angeschrägten Kanten.

Für die Schlitze brauchen Sie eine Flachdübelfräse. Diese lässt sich stufenlos bis 90° verstellen, während der sonst

üblicherweise empfohlene Flachdübelvorsatz für den Winkelschleifer nur die 45°-Einstellung zulässt.
Bügeln Sie auf alle später sichtbaren Kanten Umleimer aus Buche-Furnier auf. Zeichnen Sie dann den oberen Zwischenboden (das ist der, auf den die Schublade montiert wird) auf den Innenseiten der Korpuswände ein, um ihn später ausrichten zu können. Das ist nicht ganz einfach, weil Sie nur schräge Flächen zur Verfügung haben.

Erst ohne Leim probeweise zusammenfügen

Sind alle Verbinder eingeschlagen, fügen Sie probeweise die drei Wände ohne Leim zusammen. Kleineren Fugen können Sie später beim Verleimen den Garaus machen, indem Sie mit zugeschnittenen Zulagen arbeiten.
Bereiten Sie für diesen Fall Reststücke vor, mit deren Hilfe Sie die Wände mit Knechten (das sind sehr große Zwingen) zusammenspannen können, ohne

Alles ziemlich schräg

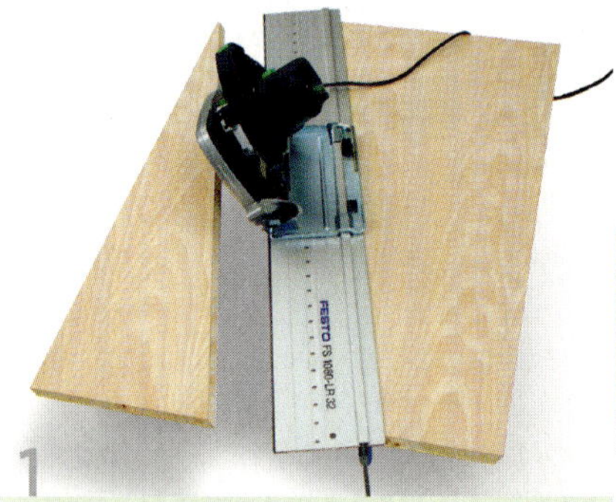

1

Beginnen Sie den Zuschnitt mit den 9°-Winkeln der Ober- und Unterkanten. Dann erst die langen Schnitte anschrägen

2

Vor dem Zusammenfügen der Platten bügeln Sie Umleimer auf alle später sichtbaren Kanten. Dann die Position des oberen …

3

… Zwischenbodens markieren. Unter Leimangabe den Korpus zusammenbauen. Bei kleineren Lücken Zwingen verwenden

4

Für die Vorderseite, hier im Bild das kurze Ende, lohnt die Suche nach einer besonders schön gemaserten Platte

Verwenden Sie deren Reste nun für die Frontklappe und die Schubladenvorderseite

Schneiden Sie von der Klappe eine 15-mm-Leiste ab. Sie wird mit Klavierband daran angeschlagen

Als Führungsschienen der Schublade dienen vier Hartholzleisten: Fräsen Sie Falze in die Hartholz-Leisten oder verschrauben Sie je ...

... zwei Leisten L-förmig. Damit das Ganze gleitet, sollten die waagerechten Schenkel unter der Lade 2 mm dünner sein

Führungsleisten unter den Boden leimen und von oben durch den Boden verschrauben. Die Frontblende von hinten fixieren

Dank der Führungsleisten können Sie die Lade weit herausziehen, ohne dass sie herunterfällt

dass die Kanten beschädigt werden (siehe Foto 3 auf der Seite 58). Dann teilen Sie das Reststück der Schokoladenseite in Schubladenfront und Klappe, falls nicht schon geschehen. Auch dort gilt wieder das Diktat der Schräge: Obere und untere Kanten müssen Sie um 9° abschrägen. Schneiden Sie dann von der Klappe diesmal rechtwinklig eine 15-mm-Leiste ab. Daran wird die Klappe später mit Klavierband angeschlagen. Die Leiste befestigen Sie mit Leim und kleinen Nägeln an der Seitenwand.

Das Verleimen und die Oberflächenbehandlung

Nun geht's ans Verleimen. Den dreieckigen unteren Zwischenboden, also den Boden des Messerfachs, lassen Sie mit seinen schräg angepassten, mit reichlich Leim versehenen Kanten einfach in die Korpusöffnung fallen und richten ihn dort sofort exakt waagerecht aus. Sparen Sie auch sonst nicht mit Leim. Überschüssige Reste sollten Sie möglichst rasch mit einem feuchten Lappen entfernen. Nach dem Anziehen wird das Entfernen aufwendiger.
Die nach außen geneigten Wände der Schublade bedürfen der gleichen Winkelschnitte wie die Seitenwände. Damit sich die Lade gerade und sicher in ihrer Öffnung bewegen lässt, gleitet sie auf L-förmigen Hartholzleisten. Fräsen Sie den Falz in den Leisten unter der Lade 2 mm tiefer als in denen auf dem Zwischenboden, um die Reibung zu minimieren. Dort werden die Leisten von oben verschraubt, während Sie die Leisten unter der Lade aufleimen und mit Schräubchen durch den Boden sichern.
Die Oberfläche der Hirnholzplatte ist geölt. Nach dem Schleifen das Öl mit einem Kunsthaarpinsel satt auftragen, 20 Minuten einziehen lassen und überschüssiges Öl mit einem Lappen abnehmen. Zwölf Stunden trocknen lassen, zwischenschleifen und das Ganze dreimal wiederholen. Bei intensiver Nutzung sollten Sie diese Behandlung einmal im Jahr wiederholen.

Die Arbeitsplatte

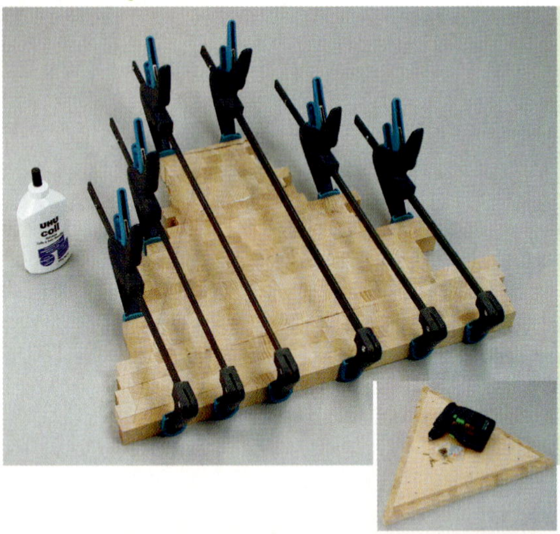

Für eine Materialdicke von 40 mm wird 28-mm-Leimholz in entsprechend breite Streifen geschnitten. Diese in drei Streifen verleimen, die wiederum miteinander verleimt werden. Legen Sie dabei Papier unter, da beim Pressen Leim austritt. Nach dem Schleifen viermal Danish-Oil oder Leinöl einlassen; Zwischenschliffe nicht vergessen. Nach dem völligen Abtrocknen die Kopfplatte mit angeschrägten Kanten unterschrauben

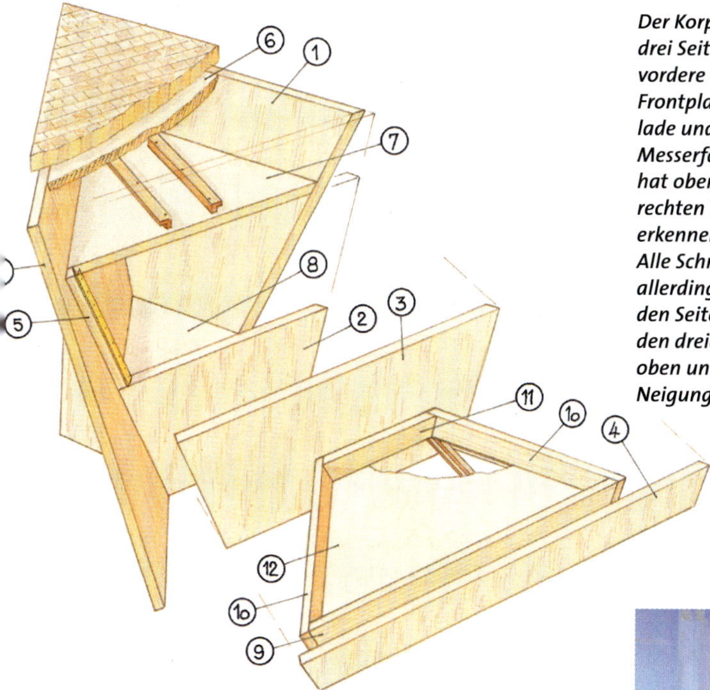

Der Korpus besteht aus drei Seitenwänden; die vordere ist geteilt in die Frontplatte für die Schublade und in die Klappe des Messerfachs. Jede Wand hat oben und unten einen rechten Winkel, gut zu erkennen im Foto unten. Alle Schnittkanten sind allerdings angeschrägt: an den Seiten bedingt durch den dreieckigen Grundriss, oben und unten durch die Neigung der Wände

Einkaufsliste

Pos.	Anz.	Bezeichnung	Maße in mm	Material
1	3	Seitenwände	988 x 642	Buche-Tischlerplatte 19 mm dick
2	1	Sockelteil *	485 x 464	
3	1	Klappe *	573 x 370	
4	1	Frontblende *	641 x 148	
5	1	Anschlagleiste	435 x 40	
6	1	Bodenplatte	597 x 517	Buche-Tischlerplatte 16 mm dick
7	1	Bodenplatte	507 x 439	
8	1	Fachboden	284 x 246	Buche-Leimholz 19 mm dick
9	1	Frontplatte	521 x 85	
10	2	Seitenteile	385 x 105	
11	1	Rückenteil	178 x 80	
12	1	Schubladenboden	487 x 30	Buche-Sperrh. 5 mm

* = alle Teile aus 1x Pos. 1 geschnitten;
2 Hartholzleisten 25 x 18 mm, 250 mm lang (aus Pos. 7);
2 Hartholzleisten 25 x 15 mm, 298 mm lang (Schubladen-Unterseite);
1 Klavierband, 32 mm geöffnet, 390 mm lang; 18 Haas-Verbinder;
1 Magnetschnäpper ca. 6 kg Haftkraft; ca. 6 m Buche-Umleimer;
1 Arbeitsplatte ca. 40 mm dick, 699 x 605 mm (aus Buche-Leimholz 19 mm dick, ca. 0,75 m2); Spanplatten-Schrauben; Holzdübel Ø 8 x 30 mm; Holzleim.

Arbeitsplatz Küche: Mit so schönen und praktischen Möbeln wie unserem Küchenblock macht nicht nur das Kochen, sondern auch die kleine Pause noch einmal so viel Spaß

Servier- und Küchenwagen

Ein gekaufter Servierwagen wird zum Multitalent aufgemöbelt: Das machen praktische Anbauten möglich

Montieren Sie den Flaschenhalter auf der linken Seite des Servierwagens. Der Messerhalter wird an der Rückseite des Wagens mit rund 15 mm Überstand befestigt

Bauen Sie zunächst den Servierwagen nach der Montage-Anleitung auf. In die Tischplatte muss vor der Montage ein Loch für das Rohr des Träger-Systems gebohrt werden. Dies geht am besten, wenn Sie die Bohrmaschine in einen Bohrständer einspannen und einen Forstner-Bohrer verwenden. Der Abstand des Lochmittelpunkts zur hinteren Kante beträgt 103 mm, zur linken

Der Flaschenhalter

1

Eine Lochsäge mit einem Durchmesser von 95 mm schneidet die Löcher in den Boden des Flaschenhalters. Der Abstand zwischen Kante und Lochmittelpunkt beträgt rechts und links je 70 und 187 mm

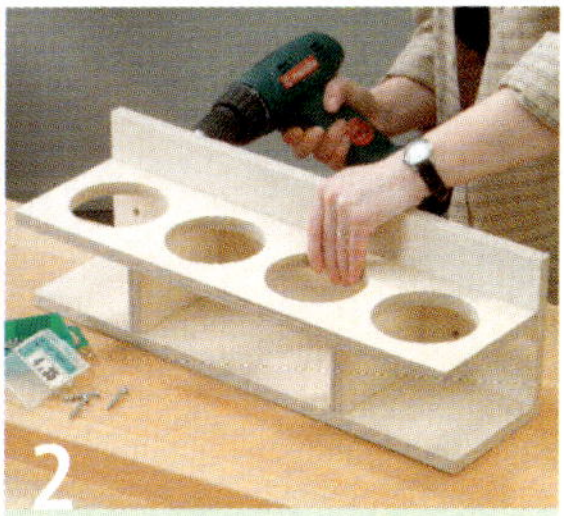

2

Die Böden werden mit der Rückwand verschraubt. Die beiden Stege geben zusätzlich Stabilität

3

Befestigen Sie den Flaschenhalter am Servierwagen. Die Arbeitsplatte soll seine Oberkante verdecken

Kante 125 mm. Die Tischplatte soll auf der Rückseite bündig mit dem Wagen abschließen und auf der linken Seite 15 mm überstehen.

Flaschenhalter und Gewürzdosenkasten

Bevor Sie Böden und Rückwand des Flaschenhalters verschrauben können, müssen Sie vier Löcher mittig in den breiteren Boden sägen. Danach können Sie die Stege einsetzen.
Der Messerhalter besteht aus zwei Multiplexplatten. Legen Sie vor dem Verschrauben zwei schmale Streifen Hartfaserplatte zwischen die Bretter. Sie dienen als Abstandhalter für die spätere Aufnahme der Messerklingen.
Der Gewürzdosenkasten besteht auch aus zwei Kaufteilen, die Sie zusammenschrauben. Seine Laufleisten werden von den Leisten des Lattenrostes geführt. Sie müssen ihre Abstände daher aufeinander abstimmen. Hier wurde die erste Leiste 63 mm von der rechten Kastenkante entfernt verschraubt. Ihr Abstand zur zweiten Leiste beträgt 67 mm. Um zu verhindern, dass die Laufleisten auf die Querverbindung des Lattenrostes stoßen, müssen Sie ihr Ende mit einer Feinsäge um ein Maß von etwa 45 x 5 mm anschrägen.

Der Gewürzdosenkasten

4

Beim Messerhalter sorgen zwei dazwischengelegte Streifen aus Hartfaser für den richtigen Abstand

5

In den Laufleisten des Gewürzdosenkastens mittig ein 24 x 6 mm großes Stück ausklinken

6

Für den Kasten werden zwei Kauf-Besteckkästen verschraubt und die beiden Laufleisten angebracht

8

Ein Blick von unten zeigt die Führungsschienen. Ein Klötzchen verhindert ein zu weites Herausziehen

9

Das Zubehör für das Träger-System ist umfangreich. Die Rohre werden ineinandergeschraubt

10

Mit dem Rohr die Stelle, an der die Montageplatte befestigt wird, ermitteln. Mit einer Raspel anpassen

Bringen Sie nach dem Einsetzen des Kastens in den Lattenrost ein Klötzchen im hinteren Drittel auf den Laufleisten an. Damit erreichen Sie, dass der Kasten beim Herausziehen nicht nach vorne kippt oder gar herausfällt.
Als Vorratsbehälter eignet sich wieder ein Kaufteil. Er läuft auf zwei Führungsschienen. Fertigen Sie diese aus Multiplex-Leisten an und befestigen Sie die erste Schiene mit 13 mm Abstand vom rechten Tischbein am Lattenrost. Der Innenabstand zwischen den Schienen ergibt sich aus der Breite des Behälters, in diesem Fall waren es 268 mm.
Das Rohr des Träger-Systems wird mit einer Montageplatte am oberen Lattenrost befestigt. Ihre Position ermitteln Sie, indem Sie das Rohr durch die zu Beginn gefertigte Öffnung in der Arbeitsplatte führen und seinen Umfang markieren. Wenn Sie den Überstand entfernt und die Platte befestigt haben, können Sie das gesamte System wunschgemäß zusammensetzen. Es empfiehlt sich jedoch, vor der Montage die Oberfläche des Wagens zu lackieren. Dazu wird er zunächst gründlich geschliffen und entstaubt. Im Anschluss daran wird er einmal lackiert, erneut geschliffen, entstaubt und schließlich endlackiert.

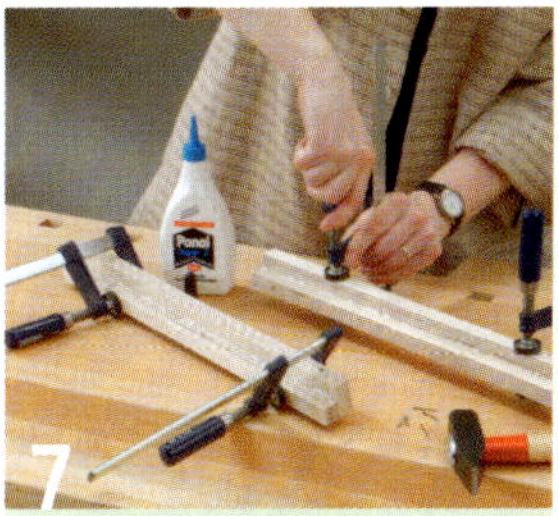

7

Die Schienen für den Vorratskasten bestehen aus je einer breiten und schmalen Leiste. Mit Nägeln fixieren

11

Die Montageplatte wird von unten an den oberen Lattenrost geschraubt und das Rohr eingesetzt

12

Setzen Sie die zusammen. Dort, wo zwei Rohre aufeinanderstoßen, kann ein Korb eingesetzt werden

Materialliste

Maße in mm

Multiplex-Platte
15 mm: 1 Rückwand: 500 x 160;
2 Böden: 1 x 500 x 150, 1 x 500 x 120;
2 Stege: 120 x 80;
2 Seiten: 375 x 140;
2 Laufleisten: 400 x 28;
Klötzchen: 97 x 50;
2 Schienen: 2 x 415 x 15, 2 x 415 x 30;
Hartfaserplatte
3,2 mm: 2 x 20 x 130;
Schrauben,
MultiPractico-System:
Rohr Ø 40 mm, 1 x 200, 1 x 800;
1 Drahtkorb;
1 Hakenablage;
1 Zierkugel;
1 Montageplatte,
4 Adapter.

Lizenzausgabe für Bellavista

Bellavista ist ein Imprint des
Karl Müller Verlages - Silag Media AG,
Liebigstraße 1, 40764 Langenfeld

Fotos:
Archiv/Hersteller/selbst ist der Mann

Printed in Germany

ISBN 978-3-86997-015-8